JN312674

機械系 教科書シリーズ 26

# 材料強度学

工学博士 境田 彰芳 編著
工学博士 上野 明
工学博士 磯西 和夫 共著
工学博士 西野 精一
博士(工学) 堀川 教世

コロナ社

## 機械系 教科書シリーズ編集委員会

**編集委員長** 木本　恭司（元大阪府立工業高等専門学校・工学博士）
**幹　　　事** 平井　三友（大阪府立工業高等専門学校・博士（工学））
**編 集 委 員** 青木　　繁（東京都立産業技術高等専門学校・工学博士）
（五十音順）　阪部　俊也（奈良工業高等専門学校・工学博士）
　　　　　　　丸茂　榮佑（明石工業高等専門学校・工学博士）

(2007 年 3 月現在)

# 刊行のことば

　大学・高専の機械系のカリキュラムは，時代の変化に伴い以前とはずいぶん変わってきました．

　一番大きな理由は，機械工学がその裾野を他分野に広げていく中で境界領域に属する学問分野が急速に進展してきたという事情にあります．例えば，電子技術，情報技術，各種センサ類を組み込んだ自動工作機械，ロボットなど，この間のめざましい発展が現在の機械工学の基盤の一つになっています．また，エネルギー・資源の開発とともに，省エネルギーの徹底化が緊急の課題となっています．最近では新たに地球環境保全の問題が大きくクローズアップされ，機械工学もこれを従来にも増して精神的支柱にしなければならない時代になってきました．

　このように学ぶべき内容が増えているにもかかわらず，他方では「ゆとりある教育」が叫ばれ，高専のみならず大学においても卒業までに修得すべき単位数が減ってきているのが現状です．

　私は1968年に高専に赴任し，現在まで三十数年間教育現場に携わってまいりました．当初に比べて最近では機械工学を専攻しようとする学生の目的意識と力がじつにさまざまであることを痛感しております．こうした事情は，大学をはじめとする高等教育機関においても共通するのではないかと思います．

　修得すべき内容が増える一方で単位数の削減と多様化する学生に対応できるように，「機械系教科書シリーズ」を以下の編集方針のもとで発刊することに致しました．

1. 機械工学の現分野を広く網羅し，シリーズの書目を現行のカリキュラムに則った構成にする．
2. 各書目においては基礎的な事項を精選し，図・表などを多用し，わかり

## 刊行のことば

やすい教科書作りを心がける。
3. 執筆者は現場の先生方を中心とし，演習問題には詳しい解答を付け自習も可能なように配慮する。

現場の先生方を中心とした手作りの教科書として，本シリーズを高専はもとより，大学，短大，専門学校などで機械工学を志す方々に広くご活用いただけることを願っています。

最後になりましたが，本シリーズの企画段階からご協力いただいた，平井三友 幹事，阪部俊也，丸茂榮佑，青木繁の各委員および執筆を快く引き受けていただいた各執筆者の方々に心から感謝の意を表します。

2000年1月

編集委員長　木本　恭司

# まえがき

　材料強度学は機械・構造物やそれらを構成する材料に外力が加わった際に生じる変形や破壊を扱う学問であり，「機械系 教科書シリーズ」で既刊の「材料力学」や「材料学」とも密接に関係している。

　材料内部に欠陥やき裂が存在しない弾性体に外力が作用した状態での変形や応力分布を取り扱う「材料力学」のみならず，さらにこれらの現象を解析的に厳密に取り扱う「弾性力学」，実際に使用される材料の内部には種々の欠陥が存在し，破壊はそれらの欠陥からき裂の発生・進展過程を経て生じることから，き裂あるいはき裂状欠陥を扱うためには「破壊力学」的取扱いも材料強度学では必要であるとともに，現象によっては「塑性力学」にも関係する。

　機械・構造物の使用環境も多岐にわたっており，適切な材料選択が必要であるとともに，機械・構造物を構成する材料の強度は構造敏感な性質をもっていることから，材料の微視的な構造や特性が材料の変形や強度とどのように関連しているかを知る必要があり，「材料学」や「金属工学」の知識も必要である。

　材料強度学は上に示した領域以外にも，例えば，確率・統計的な取扱いが必要であり幅広い分野の知識が必要であるが，本書は材料強度学の基本的な考え方や取扱い手法をわかりやすく解説したものである。紙面の都合で省略している項目もあり，詳細については巻末の引用・参考文献で発展的に学習してほしい。

　執筆にあたってはこれまでに刊行されている多くの専門書，教科書，論文などを参考にさせていただいたことに深く感謝するとともに，いずれも内容が精選され適切な記述がなされていることに改めて感心し，執筆の難しさを痛感した。

まえがき

各章の執筆担当は以下のとおりである。

1, 6章　境田　彰芳　　（明石工業高等専門学校）
2章　　磯西　和夫　　（滋賀大学）
3章　　堀川　教世　　（富山県立大学）
4章　　上野　明　　　（立命館大学）
5章　　西野　精一　　（阿南工業高等専門学校）
　　　　　　　　　　（所属は2011年3月現在）

最後に，著者の一人が本シリーズの執筆機会を与えられてからかなりの年月が経過してしまい，編集委員会やコロナ社の方々には多大なご迷惑をおかけしたことをお詫びいたしますとともに，暖かく見守っていただいたことに心から感謝申し上げます。

2011年3月

　　　　　　　　　　　　　　　　　　　　　　　　　　　著　　者

# 目　　　　次

## *1.* は　じ　め　に

*1.1* 材料強度学について……………………………………………………*1*
*1.2* 本　書　の　構　成…………………………………………………………*3*

## *2.* 静的荷重下での変形と強度，破壊

*2.1* 静的強度とは………………………………………………………………*4*
*2.2* 静的試験における変形挙動 応力-ひずみ線図……………………………*7*
　*2.2.1* 弾性変形とフックの法則………………………………………………*7*
　*2.2.2* 降　　　　伏……………………………………………………………*9*
　*2.2.3* 加　工　硬　化…………………………………………………………*10*
*2.3* すべりと塑性変形…………………………………………………………*12*
　*2.3.1* 金属のすべり変形………………………………………………………*14*
　*2.3.2* 単結晶の単軸負荷時のせん断応力……………………………………*16*
　*2.3.3* 理　想　強　度…………………………………………………………*17*
　*2.3.4* すべり変形と転位………………………………………………………*20*
*2.4* 材料の強さの制御…………………………………………………………*25*
　*2.4.1* 加　工　硬　化…………………………………………………………*25*
　*2.4.2* 結晶粒微細化による強化………………………………………………*27*
　*2.4.3* 固　溶　強　化…………………………………………………………*29*
　*2.4.4* 析出強化および分散強化………………………………………………*31*
*2.5* 延性，じん性，ぜい性……………………………………………………*34*
*2.6* 破　　　　壊………………………………………………………………*36*
　*2.6.1* 延　性　破　壊…………………………………………………………*37*

2.6.2　ぜい性破壊 …………………………………………………… 38
演習問題 ……………………………………………………………………… 39

## 3.　破壊力学概説

3.1　応力またはひずみを用いた破壊基準 ………………………………… 41
3.2　弾性力学の基礎 ………………………………………………………… 42
　3.2.1　力のつりあいと応力の平衡方程式 ……………………………… 42
　3.2.2　変位とひずみの関係 ……………………………………………… 44
　3.2.3　応力とひずみの関係 ……………………………………………… 46
3.3　き裂先端の応力場と応力拡大係数 …………………………………… 49
3.4　き裂先端の塑性域 ……………………………………………………… 56
　3.4.1　アーウィンの補正 ………………………………………………… 56
　3.4.2　ダグデールの補正 ………………………………………………… 59
　3.4.3　き裂先端の塑性域の形状 ………………………………………… 61
3.5　エネルギー解放率 ……………………………………………………… 63
3.6　平面ひずみ破壊じん性試験 …………………………………………… 72
演習問題 ……………………………………………………………………… 75

## 4.　疲労強度

4.1　疲労に関する研究の歴史 ……………………………………………… 76
　4.1.1　J. Albert の仕事 …………………………………………………… 76
　4.1.2　J. Wöhler の仕事 ………………………………………………… 77
4.2　歴史的に有名な疲労事故の例 ………………………………………… 78
　4.2.1　コメット機の墜落事故 …………………………………………… 78
　4.2.2　日本航空 B747SR 型機の墜落事故 ……………………………… 79
　4.2.3　アロハ航空 B737 型機の事故 …………………………………… 79
　4.2.4　ドイツ新幹線 ICE の脱線事故 ………………………………… 80
4.3　疲労の基礎 ……………………………………………………………… 81
　4.3.1　疲労が生じる条件 ………………………………………………… 81

  4.3.2　材料中でなにが生じているか……………………………………… *86*
  4.3.3　疲労現象を調べる方法 ……………………………………………… *88*
 4.4　疲労き裂成長 ……………………………………………………………… *96*
演 習 問 題 …………………………………………………………………………… *104*

## 5.　高 温 強 度

*5.1*　クリープ変形とクリープ破壊 ……………………………………………… *107*
*5.2*　クリープ変形の温度・応力依存性 ………………………………………… *109*
*5.3*　クリープ変形機構 …………………………………………………………… *112*
*5.4*　ク リ ー プ 破 壊 ……………………………………………………………… *114*
*5.5*　クリープを考慮した設計 …………………………………………………… *116*
*5.6*　クリープ破断時間の推定 …………………………………………………… *117*
*5.7*　高 温 疲 労 ………………………………………………………………… *119*
*5.8*　高温低サイクル疲労 ………………………………………………………… *121*
*5.9*　クリープ・疲労寿命評価 …………………………………………………… *123*
  5.9.1　線 形 損 傷 則 ………………………………………………………… *123*
  5.9.2　ひずみ範囲分割法 …………………………………………………… *124*
演 習 問 題 …………………………………………………………………………… *127*

## 6.　材料強度の統計的性質

*6.1*　確率変数，確率密度関数，分布関数 ……………………………………… *129*
*6.2*　信頼度，故障率 ……………………………………………………………… *131*
*6.3*　直列系と並列系の信頼度 …………………………………………………… *134*
*6.4*　平均，分散，標準偏差，変動係数 ………………………………………… *135*
*6.5*　正 規 分 布 ………………………………………………………………… *137*
*6.6*　対数正規分布 ………………………………………………………………… *141*
*6.7*　ワイブル分布 ………………………………………………………………… *143*
*6.8*　確　　率　　紙 ……………………………………………………………… *148*

  6.8.1 ランク法 …………………………………………… *148*
  6.8.2 正規確率紙 …………………………………………… *150*
  6.8.3 ワイブル確率紙 ……………………………………… *152*
 6.9 分布の適合度の検定 ………………………………………… *153*
 6.10 材料強度の統計的性質 …………………………………… *156*
  6.10.1 静的強度の統計的性質 ……………………………… *156*
  6.10.2 疲労強度の統計的性質 ……………………………… *159*
演 習 問 題 ……………………………………………………………… *163*

# 付　　　　録 …………………………………………………… *164*

# 引用・参考文献 ……………………………………………… *170*

# 演習問題解答 …………………………………………………… *174*

# 索　　　　引 …………………………………………………… *186*

# 1

# はじめに

本章では材料強度学の基本的な考え方や扱う内容，材料強度学を学ぶうえで必要となる材料学，材料力学，破壊力学および信頼性工学などとの関連を簡単に述べるとともに，2章以降で取り扱う内容の概略を簡潔に紹介する。

## 1.1 材料強度学について

**材料強度学**（strength and fracture of materials）は機械・構造物に外力が加わった際に材料内部に生じる変形や応力分布を扱う**材料力学**（strength of materials）と同様，材料に力が加わった際に生じる変形や破壊を扱う学問であり，これまでに多くのすぐれた著書が刊行されている[1)～8)]†。

材料の密度や弾性定数，熱膨張率，金属材料の電気抵抗などは材料内部の欠陥に比較的影響を受けない**構造鈍感**（structure-insensitive）な性質であるが，硬さや伸びなどの**機械的性質**（mechanical properties）および破壊現象は転位の挙動など材料内部の欠陥によって敏感に変化する**構造敏感**（structure-sensitive）な性質をもっていることが知られている。このため，材料の微視的な構造や特性が材料の変形や強度とどのように関連しているかを知る必要があり，金属工学や材料学の知識が必要である。

破壊の様式も荷重形式や温度・雰囲気など環境の影響を受けてさまざまな形態が存在する。微視的には，結晶粒を横切って破壊が生じる**粒内破壊**（transgranular fracture）と結晶粒界に沿って破壊する**粒界破壊**（intergranular frac-

---

† 肩付数字は，巻末の引用・参考文献の番号を表す。

ture) に大別され，これらはさらに，塑性変形を生じた後に破壊する**延性破壊**（ductile fracture），塑性変形をほとんど含まない**ぜい性破壊**（brittle fracture），繰返し応力下でき裂が進展して破壊する**疲労破壊**（fatigue fracture）などに分けることができる．それぞれの破壊には特徴的な様相を破面上で観察することができ，電子顕微鏡を用いて破壊発生源の同定や破壊の形態を調べることが行われ，このような破面解析は**フラクトグラフィ**（fractography）と呼ばれている．

また，材料強度の力学的取扱いにおいては材料力学的アプローチをはじめ，**破壊力学**（fracture mechanics）や**連続体力学**（continuous mechanics）的な手法など種々のアプローチが用いられる．特に破壊力学は，ガラスなどのぜい性材料に対するグリフィス（Griffith）の破壊理論（1920年）から始まり，その後，オロワン（Orowan）やアーウィン（Irwin）によって金属材料への適用が試みられ，第2次世界大戦中に生じた溶接船の破壊事故を契機として急速に発展し，体系化され，なんの前触れもなく突然破壊するぜい性破壊のみならず，き裂の発生・進展を経て破壊に至る疲労破壊にも適用され，その有用性が確認されている．

機械・構造物の破壊事故の多くは疲労が関係していることが広く知られており，特に，降伏応力以下の静的には破壊が生じない小さな応力であっても，応力を繰り返すことによって強度が低下する高サイクル疲労は実際の機械・構造物の破壊において重要である．

疲労を含む各種の材料強度は環境などの各種の外部因子の影響を受けてその特性が変化するとともに，使用環境によって考慮すべき点は多岐にわたる．さらに，機械・構造物の強度は用いられている材料自体が有するばらつきによっても変動することから，強度は決定論的に決まるものではなく，確率・統計的な側面も有しており，信頼性工学的な取扱いも必要である．

以上のように，材料強度学は幅広い分野の学際的な領域を対象とし，取り扱うべき分野も多いが，近年，ますます機械・構造物の使用環境が過酷になっていることから，材料強度学の基本的な知識を正しく理解することが重要である．

## *1.2* 本書の構成

　機械・構造用材料は金属材料のみならず種々の材料が用いられているが，本書では主として金属材料を対象とする。

　*2*章では静的荷重下での変形と強度，破壊を巨視的および微視的な見地から説明するとともに，代表的な高強度化メカニズムについても説明する。

　*3*章では破壊力学を学ぶうえでの基礎として，弾性力学の基礎式や円孔の応力集中について説明するとともに，破壊力学で取り扱うき裂の形態や応力拡大係数，さらに破壊じん性について説明する。

　*4*章では疲労について，疲労が重要視されるようになった歴史的背景や，疲労破壊の例を紹介するとともに，疲労の発生メカニズム，疲労試験方法と$S$-$N$線図の求め方を説明するとともに各種金属材料の$S$-$N$特性の例を紹介する。さらに，疲労限度の推定方法についても説明する。

　*5*章では高温強度について，クリープ変形とクリープ破壊について説明する。

　*6*章では材料強度の統計的性質について，材料強度で用いられる確率分布や信頼性工学的取扱いに関する基礎的事項を説明するとともに，材料強度データベースを用いた大標本の解析例について紹介する。

# 2

# 静的荷重下での変形と強度，破壊

　材料の機械的性質は，機械・構造物を構成する部品をつくる構造用材料においてきわめて重要である。そこで本章では，金属材料を中心として，外部から静的な負荷を受けた金属材料の変形と強度および破壊について説明する。この材料特性を明らかにするためにさまざまな種類の材料試験が行われるが，その試験条件として温度は重要なパラメータである。本章では，主に「室温」における材料の特性について考えることにする。特殊な環境下で機械などを使う場合を除いて，われわれは主に室温付近の温度で金属材料を使用している。しかし，本文に述べるように，この「室温」という言葉は，材料特性においてきわめて曖昧な意味しかもたないことに注意する必要がある。

　以下，変形と強度，および破壊について，巨視的および微視的な見地から述べる。

## 2.1　静的強度とは

　材料の強度，強さとはなにか？

　材料の強度には，その見方によってさまざまな側面がある。基準や観点が変わると，材料の強度として注目する材料特性が異なってくる。

　材料に作用する外力は**図2.1**に示すように**引張り**（tension），**圧縮**（compression），**せん断**（shear），**曲げ**（bending），**ねじり**（torsion）に大別される。さらに，例えば車軸はねじりと曲げを同時に受けているなど，機械部品や構造物では複数の種類の外力が同時に作用する場合があることに注意すべきである。

(a) 引張り　(b) 圧　縮　(c) せん断

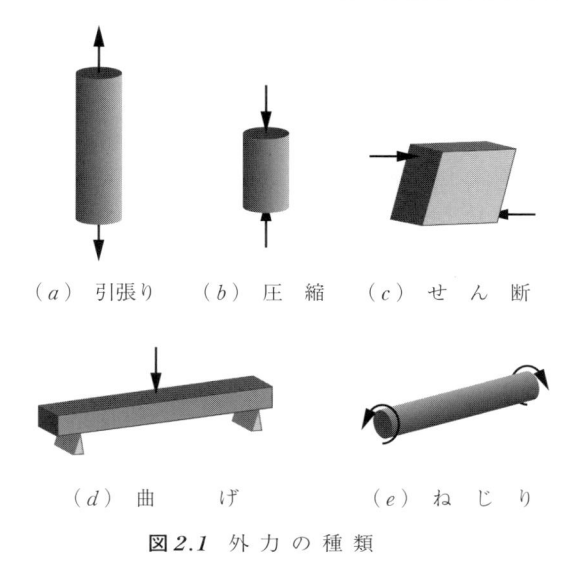

(d) 曲　げ　　(e) ね じ り

図2.1　外力の種類

　実際に金属材料を用いて機械などをつくる場合において，各部品が設計どおりの役割，すなわち隣接する部品との相対運動を円滑に行わなくてはならない。そのためには，各部品がさまざまな負荷を受けた結果生ずる変形量が，設計で許容された範囲に収まるかどうかが大きな関心事となる。この場合は，材料がどのくらいの負荷に耐えられるかという「強さ」だけではなく，「変形」も重要となる。

　材料に応力を加えると，弾性変形を経て塑性変形領域に入る。応力を増加させると，変形量（塑性変形量）がさらに増加し，材料が耐えうる最大の強さを示した後に破壊に至る。このように，材料強度として「破壊」が関心の対象となる場合がある。

　また，材料を使用するときばかりではなく，材料の加工の難易にも材料の強度は大きな影響をもたらす。

　材料の変形に影響を与える因子として，材料工学的な要因（組織）の他に，温度，変形速度が重要である。また，結晶粒径と部材の厚さや幅の相対的な大きさにも注意することが必要である。結晶粒径が試験片の幅や厚さに近くなる

と材料特性に影響を及ぼすといわれている。

通常，室温で用いる材料の強度を考えるときに，室温において材料試験を行い，その変形や破壊の状況を考えることになんら疑問はないであろう。しかし，金属材料は融点（絶対温度 [K]）の約 1/2 以上において，いわゆる高温変形の温度領域となる。高温変形とは，対象とする材料の再結晶温度[†]以上での変形であり，材料によっては低融点のため，室温で材料試験を行っても高温域での試験となる場合がある。実験温度が重要なのではなく，融点に対する相対的な温度が重要となる。

変形速度も材料特性に影響を及ぼすことが知られている。特に高温変形において，強度は変形速度に大きな影響を受ける。低温域においても衝撃試験などのような高変形速度での材料の変形・破壊挙動は，静的試験の場合とは大きく異なる。また，試験環境（雰囲気）も材料特性に影響を及ぼす。

以上のことから，本章で扱う**静的試験**（static test）とは，特に実験条件について言及がなければ，室温においてゆっくりと試験力を増加させて材料の変形と破壊挙動を求める試験を指すこととする。また，静的試験での変形速度は明確に決められていないが，引張試験の場合，材料特性の変形速度依存性を考慮して $10^{-4}$ s$^{-1}$ 台のひずみ速度（変形速度／試験片平行部長さ）がよく用いられるようである。

---

**例題 2.1** 室温（20℃とする）で高温変形を示すと考えられる金属とその融点を挙げよ。

---

【解答】 再結晶温度が室温以下の金属となる。鉛，スズなどがある。他の書籍などで調べ，確認すること。　　　　　　　　　　　　　　　　　　　　　　　◇

---

[†] 再結晶とは：金属材料を塑性加工すると材料中にひずみが蓄えられる。このような材料を加熱すると，ひずみを含まない新しい小さな結晶粒（再結晶粒）が生まれる。これを再結晶といい，再結晶を始める温度を再結晶温度という。加工度が大きいほど再結晶温度は低下する。再結晶粒が素材を覆っていくにつれて材料は軟化する。

## 2.2 静的試験における変形挙動 応力-ひずみ線図

特殊な場合を除いて，通常使われている金属材料は**多結晶体**（polycrystal）である。多結晶体の平滑試験片を用いた引張試験について述べる。

材料に外力を加えた場合，応力とひずみ（**公称応力**（nominal stress）と**公称ひずみ**（nominal strain）で表示する）との関係を示したものが**応力-ひずみ線図**（stress-strain diagram）である。実際には，試験片を一定速度で変形させてその際に変形させるために必要な試験力を測定し，試験前の試験片の断面積と標点間距離を用いて公称応力と公称ひずみに変換する。前節に述べたように，材料が受ける外力は5種類（**図2.1**）に大別できるが，どのような種類の応力を負荷しても同じような応力-ひずみ線図が得られる。

### 2.2.1 弾性変形とフックの法則

**延性**（ductility）に富む金属材料（**延性材料**，ductile material）の応力-ひずみ線図は2種類に大別できる。軟鋼は**図2.2**に示すような応力-ひずみ線図を示す。これに対して，軟鋼以外の金属材料は**図2.3**のような応力-ひずみ線図を示す。

材料に応力を負荷するとまず**弾性変形**（elastic deformation）する。弾性変

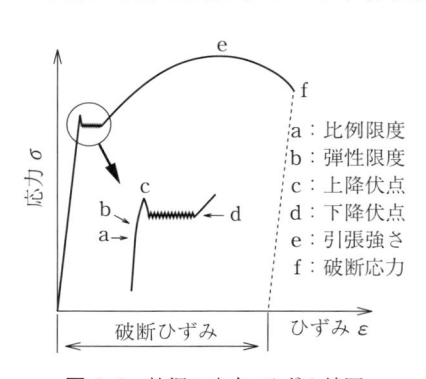

図2.2 軟鋼の応力-ひずみ線図
a：比例限度
b：弾性限度
c：上降伏点
d：下降伏点
e：引張強さ
f：破断応力

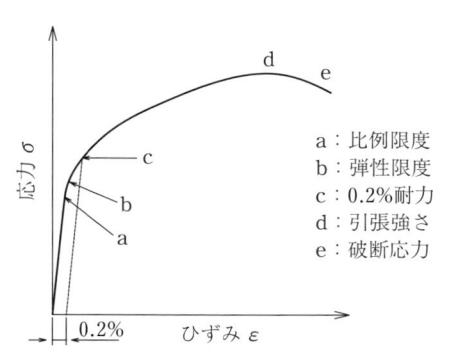

図2.3 軟鋼以外の金属の応力-ひずみ線図
a：比例限度
b：弾性限度
c：0.2%耐力
d：引張強さ
e：破断応力

形中は負荷した応力を除荷すると元の形状に戻る。弾性変形において，応力 $\sigma$ とひずみ $\varepsilon$ との間には**フックの法則**（Hooke's law）

$$\sigma = E\varepsilon \qquad (2.1)$$

が成り立つ。$E$ は**縦弾性係数**（modulus of longitudinal elasticity）（**ヤング率**（Young's modulus）ともいう）である。弾性係数は弾性変形に対する材料の変形の抵抗の度合いを表すものであり，$E$ が大きいほど材料は高応力を負荷しても小さなひずみしか示さない。このような材料は**剛性**（stiffness）が高いと表現される。引張試験では，試験片の平行部の長さは増加し，その断面積は減少する。このように断面の直交するひずみ $\varepsilon_x$, $\varepsilon_y$ に対する軸方向のひずみ $\varepsilon_z$ の比を**ポアソン比**（poisson's ratio, $\nu$）といい，次式で表される。

$$\nu = -\frac{\varepsilon_x}{\varepsilon_z} = -\frac{\varepsilon_y}{\varepsilon_z} \qquad (2.2)$$

代表的な材料の弾性係数とポアソン比を**表 2.1** に示す。

**表 2.1** 代表的な材料の弾性係数とポアソン比

| 材　　料 | 縦弾性係数 $E$〔GPa〕 | 横弾性係数 $G$〔GPa〕 | ポアソン比 $\nu$ |
|---|---|---|---|
| アルミニウム | 72 | 26 | 0.33 |
| 銅 | 110 | 46 | 0.34 |
| 黄銅（Cu-30mass%Zn） | 101 | 37 | 0.35 |
| マグネシウム | 45 | 17 | 0.29 |
| ニッケル | 210 | 77 | 0.31 |
| チタン | 106 | 45 | 0.34 |
| タングステン | 403 | 160 | 0.28 |
| 鉄 | 200 | 80 | 0.28 |
| 軟　鋼 | 206 | 83 | 0.30 |
| ス　ズ | 42〜46 | 23 | 0.36 |
| ダイアモンド | 786 |  | 0.2 |
| $SiO_2$（ガラス） | 70〜80 |  |  |

**例題 2.2** 弾性変形時に材料の体積が不変であるとしたときのポアソン比を求めよ。

【解答】 材料の無負荷状態の体積を $V$ とする。この材料を $z$ 軸方向に引っ張った場合，引張軸方向のひずみを $\varepsilon_z$，引張軸と直交する断面の $x$ および $y$ 方向のひずみを $\varepsilon_x$ と $\varepsilon_y$ とする。弾性変形前後で材料の体積が変化しない場合，変形後の体積を $V'$ とすると

$$V' = V(1+\varepsilon_x)(1+\varepsilon_y)(1+\varepsilon_z) \tag{1}$$

となる。上式より，高次の微小量を無視すると

$$V' = V(1+\varepsilon_x+\varepsilon_y+\varepsilon_z) \tag{2}$$

となる。ここで，体積不変であることから $V' = V$ となる。したがって

$$\varepsilon_x + \varepsilon_y + \varepsilon_z = 0 \tag{3}$$

が成り立つ。ここで，式 (2.2) において $\varepsilon_x = \varepsilon_y = -\nu\varepsilon_z$ であることから，この式 (3) に式 (2.2) を代入すると

$$-\nu\varepsilon_z - \nu\varepsilon_z + \varepsilon_z = 0$$

すなわち，$\nu = 0.5$ となる。　　　　　　　　　　　　　　　　　◇

### 2.2.2 降　　　伏

軟鋼の応力-ひずみ線図を例として説明する。**図 2.2** において，点 a は弾性変形において応力とひずみの比例関係が成り立つ限界であり，**比例限度**（proportional limit）という。この比例限度をわずかに超えた応力（点 b）まで弾性変形は維持される。この弾性変形の限度を**弾性限度**（elastic limit）という。弾性変形の後，応力はピーク値（点 c）を示す。これを**上降伏点**（upper yield point）という。その後，応力はわずかに減少した後，ひずみの増加にもかかわらずしばらく一定応力を示す。この d のレベルの応力を**下降伏点**（lower yield point）という。軟鋼において**降伏応力**（yield stress）という場合は，この値をとり，$\sigma_y$ で表される[1]。上降伏点が現れたときに，試験片に斜め約 45°に縞が発生する。これを**リューダース帯**（Lüders band）という。下降伏点を示している間に，次第にリューダース帯の縞の幅が増加し，試験片の平行部全面を覆うようになる。この間，材料は**塑性変形**（plastic deformation）してい

ることになる。

軟鋼以外の金属材料の応力-ひずみ線図は図2.3に示すような形状になる。特徴的なことは，軟鋼に見られた明確な降伏点（正確には上降伏点）が認められないことである。したがって，軟鋼における塑性変形が開始する一つの目安としての上降伏点に相当するものとして，0.2%のひずみを生じた応力（点c）を降伏点相当とし，これを **0.2%耐力**（0.2% proof stress，$\sigma_{0.2}$）と称する。

**ぜい性材料**（brittle material），特にセラミックスや高強度材料の応力-ひずみ線図は図2.4のようになる。このような材料は弾性範囲内で破断する場合が多く，塑性変形はほとんど認められない。

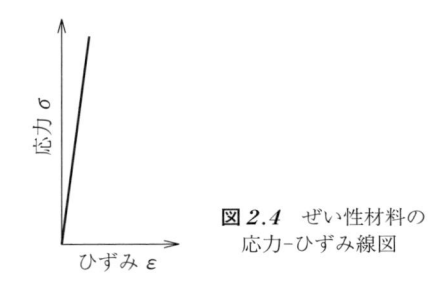

図2.4 ぜい性材料の応力-ひずみ線図

## 2.2.3 加工硬化

前項の図2.2および図2.3の応力-ひずみ線図に示されているように，材料が降伏した後，すなわち塑性変形を開始すると，材料をさらに変形するためにはより大きな応力が必要となる。これを**加工硬化**（work hardening）あるいは**ひずみ硬化**（strain hardening）という。金属材料は加工することによって高強度（高硬度）になることを意味する。この加工硬化している際の真応力と真ひずみの関係は

$$\sigma = K\varepsilon^n \tag{2.3}$$

と近似することができる。$K$ は強度係数，加工硬化指数 $n$ は1以下の値をとり，ひずみ硬化指数とも呼ばれる。

塑性変形において，公称応力は最大値を示した後に減少し破断へと至る。図

## 2.2 静的試験における変形挙動 応力-ひずみ線図

**図2.2**の点eと**図2.3**の点dで示される最大応力を**引張強さ**（tensile strength, $\sigma_B$）という。また破断時の応力を**破断応力**（fracture strength, $\sigma_f$）という。

塑性変形が始まると，その初期において試験片の平行部は一様に伸びると同時に断面積は一様に減少する。しかし，ある時点から，試験片平行部に局所的に断面積が減少する箇所が生ずる（くびれ，局部伸び，**ネッキング**（necking）など）。その結果，試験片が支えることのできる試験力が減少することになる。したがって，この時点（引張強さを示す）を超えるひずみにおいて，試験前の試験片の断面積を用いて算出した公称応力は見かけ上減少することになる。

降伏後における材料中の塑性ひずみ量はどの程度であろうか。延性材料の引張試験において，弾性ひずみ量は塑性ひずみ量と比較してきわめてわずかである。塑性変形中に試験を中断し除荷すると，そのときの応力とひずみは**図2.5**に示したような直線の経路をたどって試験中断点AからBへ減少していく。この除荷時の直線関係は弾性域の応力とひずみの直線関係（フックの法則）と同じ傾きを示す。このように，弾性変形分を除いた無負荷状態で残留するひずみを**永久ひずみ**（permanent strain）という。試験中断後に再度負荷すると，今度は除荷時の応力-ひずみ関係を逆にBからAへフックの法則に従ってひずみが増加し，再び塑性変形を始めることになる。したがって，塑性加工した材料は見かけ上，降伏する応力が上昇したことになる。塑性域の応力-ひずみ曲線は試験の中断の有無にかかわらずほぼ同一の曲線となる。

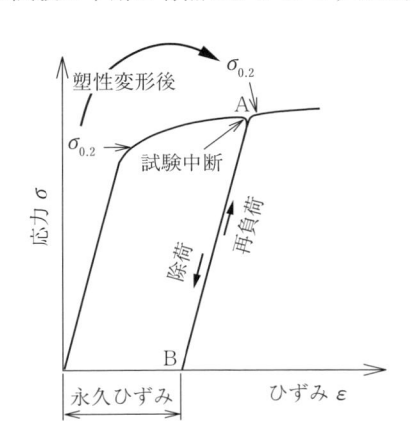

**図2.5** 塑性域で負荷を中断し除荷したとき，および再負荷したときの応力とひずみの関係

また，破断時のひずみを**伸び**（elongation, $\delta$）あるいは**破断ひずみ**（fracture strain, $\varepsilon_f$）という。また，材料の塑性加工性を表す指標の一つとして，破断時の断面積の減少率である**絞り**（reduction of area, $\phi$）も用いられる。

---

**例題 2.3** 鋼の引張試験を行った。試験片寸法は直径 5 mm，標点間距離 40 mm である。最大試験力は 7 500 N，破断時の試験力は 6 800 N であった。破断時の標点間距離は 50 mm，破面の直径は 3.8 mm であった。このとき，下記の値を求めよ。

（1） 引張強さ（公称応力として）
（2） 伸び
（3） 破断応力（公称応力として）
（4） 絞り

---

【解答】
（1） 引張強さは，最大試験力を試験片の試験前の断面積で割ることにより求まる。381 MPa。
（2） 破断時の試験片の伸び量を試験前の標点間距離で割り，百分率で表す。25 %。
（3） 破断時の試験力を試験片の試験前の断面積で割ることにより求まる。346 MPa。
（4） 試験片の断面減少率である。試験前の試験片の断面積を $A_0$，破断時の断面積を $A$ とすると絞り $\phi$ は

$$\phi = \frac{A_0 - A}{A_0} \times 100 \quad [\%]$$

である。上式より 42 % となる。 ◇

## 2.3 すべりと塑性変形

前節において，金属材料の応力-ひずみ線図について説明した。塑性変形が始まるとき，微視的にはどのようなことが材料に起こっているのであろうか。塑性変形の詳細を知ることは，材料の強度を考えるうえで，また材料の強度を

操るためにはきわめて重要である。

本章においては，代表的な結晶構造である**体心立方格子**（body centered cubic lattice，**bcc**），**面心立方格子**（face centered cubic lattice，**fcc**），**最密六方格子**（hexagonal closed packed lattice，**hcp**）について考える。それぞれの結晶構造を**図2.6**に示す。

(a) 体心立方格子

(b) 面心立方格子

(c) 最密六方格子

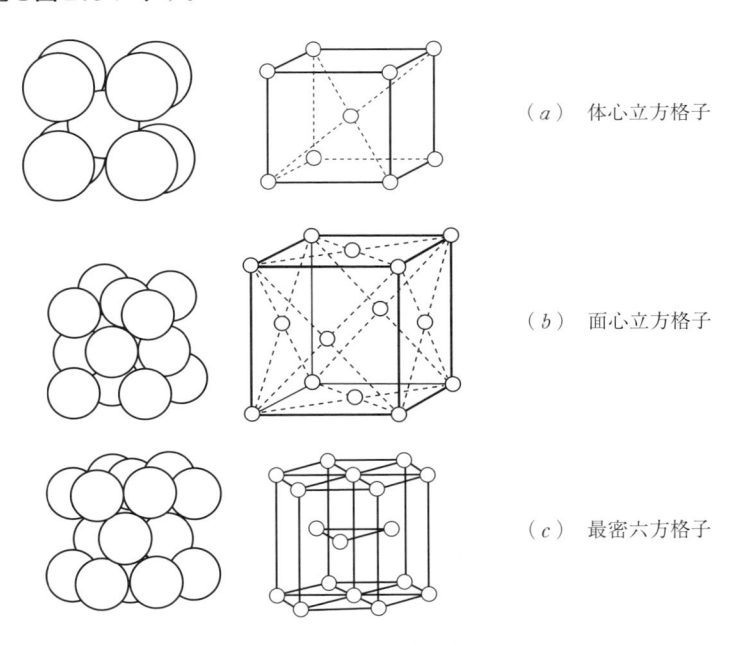

**図2.6** 代表的な結晶構造

金属の塑性変形は**すべり変形**（slip deformation）と**双晶変形**（twinning deformation）によって起こる。**双晶**（twin）は，特定の原子面を境として原子の配列が鏡対称となるように原子が移動することによって生ずるものである。この変形はfccの結晶構造をもつ金属やbcc金属が低温で変形した際に認められる。この境となる面を**双晶面**（twinning plane）という。しかし，原子の移動量は，双晶面からの距離によって増大するため，双晶による大きな変形は期待できない。このように，双晶変形量は以下に述べるすべり運動に比較して大

きくなく,目に見えるようなマクロな塑性変形を引き起こすには,双晶変形のみでは不十分であり,すべり運動が主要な役割を果たすことになる。

### 2.3.1　金属のすべり変形

結晶構造を示す金属材料の塑性変形は,特定の結晶面に沿ってその上下がせん断応力の作用によってたがいにずれる(すべる)ことによって生ずる。この結晶面を**すべり面**(slip plane)という。金属にはそれぞれの結晶構造によって決まる特有のすべり面と**すべり方向**(slip direction)が存在する。この組合せを**すべり系**(slip system)という。**表 2.2**に代表的な3種の結晶構造のすべり系をまとめた。最も原子が密に配列している面がすべり面,同じように原子が最も密に配列している方向がすべり方向となる(**図 2.6**を参照のこと)。したがって,fcc ではすべり面が $\{111\}$ 面であり,すべり方向は $\langle 110 \rangle$ 方向となる。複数のすべり面のうち,平行な面を除くと,$\{111\}$面は単位格子中に4面あり,それぞれに対してすべり方向は3方向であるので,合計12のすべり系が存在することになる。bcc 金属では,最も原子が密に並んでいる結晶面は $\{110\}$ であり,同様に平行な面を除くと6面となる。それぞれにすべり方向 $\langle 111 \rangle$ は2方向であるので,fcc と同じ合計12のすべり系が存在する。しかし,この他にも $\{112\}$,$\{123\}$ 面がすべり面として活動しうるため,bcc にはより多くのすべり系が存在することになる。

表 2.2　体心立方晶,面心立方晶,最密六方晶のすべり系

| 結晶構造 | すべり面 | すべり方向 |
| --- | --- | --- |
| fcc | $\{111\}$ | $\langle 110 \rangle$ |
| bcc | $\{110\}$ | $\langle 111 \rangle$ |
|  | $\{112\}$ | $\langle 111 \rangle$ |
|  | $\{123\}$ | $\langle 111 \rangle$ |
| hcp | $\{0001\}$ | $\langle 11\bar{2}0 \rangle$ |
|  | $\{10\bar{1}0\}$ | $\langle 11\bar{2}0 \rangle$ |
|  | $\{10\bar{1}1\}$ | $\langle 11\bar{2}0 \rangle$ |

これに対して，hcp金属は，通常すべり面は底面の{0001}，すべり方向は⟨11$\bar{2}$0⟩でありすべり系は3となる。hcpは他の結晶構造よりもすべり系の数が少ないことになり，このことは他の結晶構造と比較してhcpは塑性変形しにくいことを示している。しかしこの他にも，表に示したように柱面{10$\bar{1}$0}や錐面（すい）{10$\bar{1}$1}がすべり面となることができる。

*2.2* 節において，応力-ひずみ線図について説明した。では，材料試験において，実際の試験片の状況はどのようになっているのであろうか。弾性変形から塑性変形に移り変わった際の変形について，単結晶材料の引張試験を例にして考える。

研磨した試験片を用いて引張試験を行うと，試験片平行部に細い線が多数肉眼で認められる。原子面がすべりを生じ，その影響が試験片表面まで達した結果現れたものであり，それぞれの線を**すべり線**（slip line）という。このすべり線を拡大して観察すると，一つのすべり線が試験片の端に達する場所に階段状の段差ができている。すべり面の上下で原子面が大きくずれていることになる。このすべりを模式図として**図*2.7***に示す。

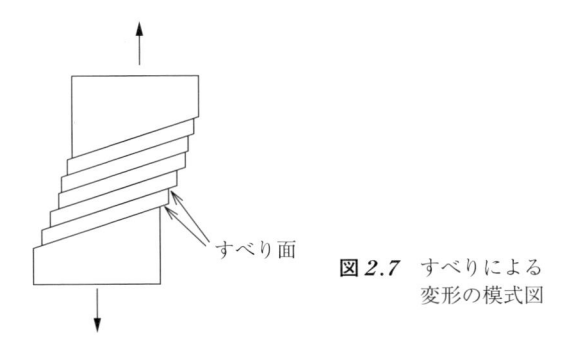

**図*2.7*** すべりによる変形の模式図

多結晶材料でも個々の結晶粒で同様のすべりが生ずる。結晶粒によって結晶方位が異なるので，試験片を引っ張ったときに，結晶粒内で最も高いせん断応力が作用するすべり系が最初に活動することになる。

**例題 2.4** fcc のすべり系の数が 12 であることを図示して説明せよ。

**【解答】** すでに述べたように fcc のすべり面は {111} である。平行な面を除くと単位格子中に {111} は 4 面ある。そのそれぞれにすべり方向 ⟨110⟩ が 3 方向ずつあるのですべり系は 12 存在することになる。図は省略。　　◇

### 2.3.2 単結晶の単軸負荷時のせん断応力

すべり面の上下の原子面にすべりを生じさせるせん断応力について考える。前項と同様に単結晶の引張試験を例とする。ここで，**図 2.8** に示すように試験片のすべり面の法線方向と引張軸がなす角度を $\phi$，すべり方向は角度 $\lambda$ であるとする。また，試験片の断面積を $A$ とする。この試験片を力 $F$ で引っ張る。このとき，すべり面が引張軸に垂直あるいは平行に位置しているのでなければ，すべり面に垂直な応力と平行なせん断応力が発生する。このせん断応力の成分を**分解せん断応力**（resolved shear stress）という。

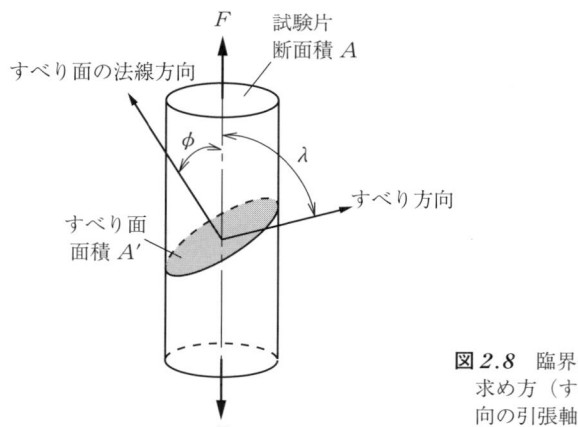

**図 2.8** 臨界分解せん断応力の求め方（すべり面とすべり方向の引張軸との関係）

すべり面の面積 $A'$ は $A/\cos\phi$，すべり方向のせん断力は $F\cos\lambda$ となることより，すべり面上におけるすべり方向のせん断応力 $\tau$ は

$$\tau = \frac{F}{A}\cos\lambda\cos\phi = \sigma\cos\lambda\cos\phi \tag{2.4}$$

となる。ここで，$\sigma$ は引張応力である。

すべり面がすべり始める最小のせん断応力を**臨界分解せん断応力**（critical resolved shear stress，**CRSS**，$\tau_c$）という。いま，単結晶材料を考えていることから，CRSS を超える応力が負荷されることによって試験片にすべり変形が生じる（降伏する），すなわち塑性変形することになる。このときに負荷されている応力が引張試験の降伏応力 $\sigma_y$ である。

**表 2.2** に示したように，結晶構造によって異なる複数のすべり系がある。実際にすべりが生ずるのは，式 (2.4) のせん断応力が最も大きい，言い換えると $\cos\lambda\cos\phi$ が最も大きなすべり系となる。この $\cos\lambda\cos\phi$ を**シュミット因子**（Schmid factor）という。最も大きなシュミット因子を有するすべり系を**主すべり系**（primary slip system）といい，まずこのすべり系で最初にすべり始める。その後，変形の進行とともに結晶が回転し，主すべり系以外のすべり系（**2 次すべり系**, secondary slip system）が活動を始める。これを**二重すべり**（double slip lines），あるいは**多重すべり**（multiple slip）という。

ここで，仮にすべり方向がすべり面（だ円）の長軸と一致し，$\lambda = \phi = 45°$ となるような引張試験片であった場合，式 (2.4) で表されるせん断応力は最大値を示し

$$\tau = \frac{\sigma}{2} \tag{2.5}$$

となる。すなわち，このような方位を有する試験片は最も小さな引張応力で降伏することになる。

### 2.3.3 理想強度

1 種類の原子から構成され，かつ欠陥を含まない完全な結晶からなる金属材料があったとする。このような材料の臨界分解せん断応力の理論値を求める。**図 2.9** に示すように，結晶の原子間距離を $b$，すべり面の面間隔を $d$ とする。すべり面を境としてその上の結晶がいっせいに右方向へ 1 原子分すべることを考える。このようなひとまとまりのすべりを起こさせるのに必要な応力を，原

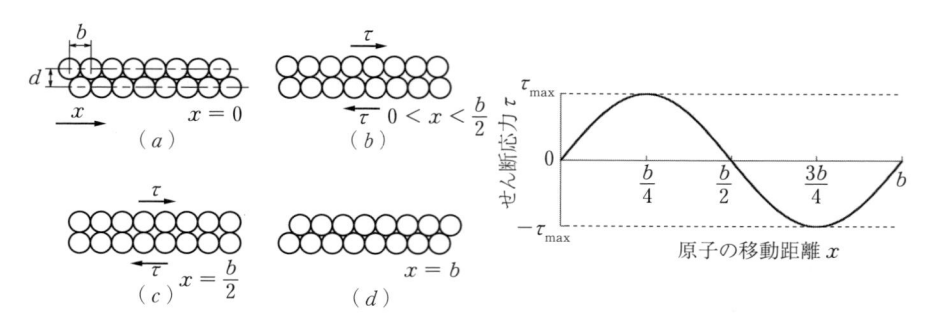

**図 2.9** すべり変形のモデル　　**図 2.10** すべり変形量と必要な応力との関係

子面のずれの量（すべり量に相当）$x$ を用いて表す．この際，すべる途中もすべった後も，すべり面の上下では完全な結晶構造が保たれているとする．せん断応力が作用していない安定な原子配列の状態を**図 2.9**($a$)に示す．すべり面の上下でせん断応力が作用すると，せん断応力の増大に伴って次第にずれる量 $x$ が増加する（図($b$)）．別な見方をすると，すべり面の上の原子の集団のすべり量 $x$ を保つために必要なせん断応力である．さらにすべりが大きくなり，図($c$)に示すように 1/2 原子分ずれて上下の原子が重なる位置に達したとする．すべり面の上の原子は下の左右両側の原子との間に生ずる力が釣り合うので，この位置を保つためには図($a$)と同様に応力は必要ない．したがってすべり面の上下の原子の集団をずらすために必要な応力は，図($a$)，($c$)間（$0 < x < b/2$）で極大値を示すことになる．図($c$)の位置からさらに右方向に原子をずらそうとすると，今度は上の原子を右方向に引っ張る応力が働くため，最終的に図($d$)の位置に落ち着き，1 原子分のすべりが生ずることになる．

　ここで，原子間に働く力が正弦関数で表されると仮定すると，単位面積当りの力，すなわちせん断応力は次式のように近似される．

$$\tau = k \sin\left(\frac{2\pi x}{b}\right) \tag{2.6}$$

上式の $k$ は定数である。このすべりの大きさとせん断応力との関係を**図2.10**に示す。すべり量が小さいときは，$\sin\theta \approx \theta$ と近似できることから

$$\tau \approx k\frac{2\pi x}{b} \tag{2.7}$$

となる。また，すべりによるせん断ひずみ $\gamma$ は

$$\gamma = \frac{x}{d} \tag{2.8}$$

である。したがって，フックの法則が成り立つことより，せん断弾性係数を $G$ として

$$\tau = G\gamma = G\frac{x}{d} \tag{2.9}$$

となる。式 (2.7) および式 (2.9) より

$$k = \frac{Gb}{2\pi d} \tag{2.10}$$

となる。この $k$ は式 (2.5) におけるせん断応力の最大値 $\tau_{max}$ を表すことになる。この値以上のせん断応力が作用すると原子面はすべり（**図2.9**において，図 ($a$) の状態から図 ($c$) へ移ることができる），材料は塑性変形することになる。すなわち，$\tau_{max}$ が金属材料の理想的な降伏応力を与えることになる。**図2.9**において，結晶構造によって $b/d$ の値は異なるが，およそ1であるとすると式 (2.10) より

$$\tau_{max} \approx \frac{G}{2\pi} \tag{2.11}$$

となる。したがって，理論的せん断強度は材料のせん断弾性係数のおよそ 1/6 となる。以上の計算からこの理想的な臨界分解せん断応力は，せん断弾性係数のおよそ 1/5〜1/10 となるとされている。種々の材料の計算値と実測値をまとめて**表2.3**に示す。

表より，計算値と実測値には非常に大きな開きが存在することがわかるであろう。現実には実験によって得られた臨界分解せん断応力は計算値の 1/1 000 〜1/10 000 程度の値でしかない。したがって，すべり面の上下で原子が完全な

表2.3 臨界分解せん断応力の計算値と実測値

| 材料 | 計算値〔MPa〕 | 実測値〔MPa〕 |
|---|---|---|
| 銀 | 4 400 | 0.59 |
| アルミニウム | 11 300 | 1.02 |
| 銅 | 6 300 | 1 |
| 鉄 | 5 300 | 15 |

結晶構造を保ったままでいっせいにすべるというモデルでは，結晶の臨界分解せん断応力の実測値を説明できない。このようにある現象が起こるメカニズムを仮定して，仮定に従って理論的に計算した値が実験により求めた実測値と大きく違う場合，仮定したモデル自体が適切ではないことになる。

### 2.3.4 すべり変形と転位

では，現実にはどのようなメカニズムで金属材料は塑性変形するのであろうか。

金属材料には種々の**格子欠陥**（lattice defect）が存在している。「欠陥」とは結晶中の原子の配列における乱れである。この欠陥は材料にさまざまな影響や効果を及ぼす。実は，材料を扱ううえでこれら欠陥は重要な役割を果たしている。**点欠陥**（point defect）の一種である**空孔**（vacancy）は**拡散**（diffusion）の，**線欠陥**（linear defect）である**転位**（dislocation）は塑性変形の担い手であることが明らかになっている。

転位には**刃状転位**（edge dislocation）と**らせん転位**（screw dislocation）がある。刃状転位は**図2.11**に示すように，結晶の中に余分な原子面（ABCD）が入り込んでいる形になっている。この入り込んだ面の一番下のBCを**転位線**（dislocation line）といい，余分な原子面が上部にある場合，記号⊥で表される。らせん転位の概略を**図2.12**に示す。結晶構造の一部にせん断的なずれが生じ，そのずれの境界ABが転位線，ずれた面がすべり面である。この転位線ABを中心として格子のまわりを右回りに1回転すると一つ下の原子面に入ることから，らせん転位といわれる。

## 2.3 すべりと塑性変形

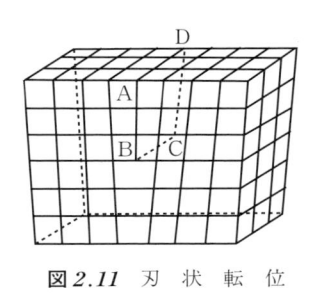

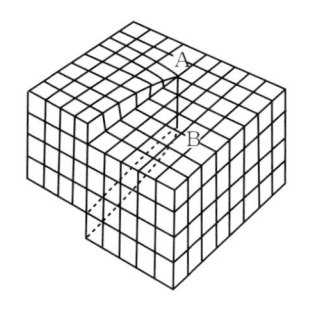

**図2.11** 刃状転位　　**図2.12** らせん転位

　転位，特に刃状転位がすべり面上を運動する様子を説明する場合に，よく尺取虫の動き，あるいはじゅうたんのずらし方で例えられている．ここでは，部屋に敷いているじゅうたんの位置をずらすことを考えてみる．例えば，じゅうたんの端をもってじゅうたん全体を一度に引きずろうとすると，少しの移動量でも大きな力が必要となる．これに対して，端に小さなしわをつくってそれを一方の端まで移動させることによって，わずかな力（しわをずらす力）でじゅうたんをずらすことが可能である．一度の移動量（しわ一つ分）は小さくともそれを何回も繰り返すことによって，結果としてじゅうたんを大きく動かすことができる．この例えのように，前述の完全な結晶をいっせいにすべらすモデルよりも，転位といういわゆる「しわ」がすべり面上を移動することを考えると，結晶を塑性変形させる（原子一つ分のすべり）には，はるかに小さな力（応力）で可能であることは直感的にも理解できるであろう．

　肉眼ではっきりとわかる大きな塑性変形は，多数のすべり線上を多数の転位が運動することによって生ずる．刃状転位を例にとって，転位の運動によるすべり変形の模式図を**図2.13**に示す．結晶にせん断力が図のように働くことによって，一つの刃状転位が導入される．この転位がすべり面上を右へ移動し，最終的には結晶の右側に抜ける．その結果，原子一つ分のすべりが生じることになる．このすべりの大きさと方向を表すベクトルを**バーガースベクトル**（Burgers vector）という．すべり面上を複数の転位が運動することによって大きな塑性変形がもたらされることになる．らせん転位の場合を**図2.14**に示

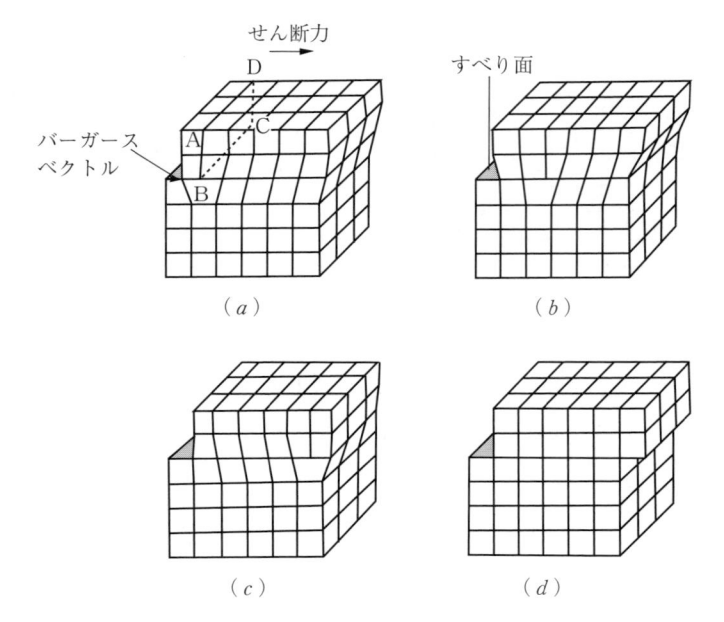

**図 2.13** 刃状転位の運動によるすべり変形

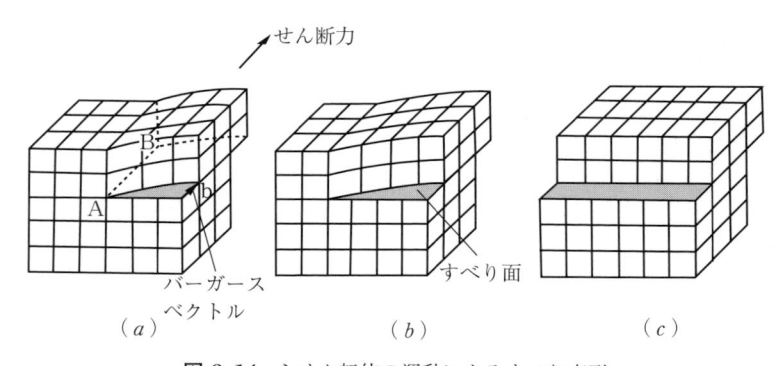

**図 2.14** らせん転位の運動によるすべり変形

す。両図より，刃状転位が運動しても，らせん転位が運動してもその結果として生ずる結晶のすべり（段差の形）は同一となることがわかる。ここで，転位とそのすべり方向に注目すると，刃状転位の転位線とバーガースベクトルは直角であり，らせん転位の場合は平行であることに注意してほしい。

## 2.3 すべりと塑性変形

このように転位の運動の結果としてすべり変形が生ずると仮定して算出した臨界分解せん断応力は，すべり面の上下の原子が完全な結晶を保持しついっせいにすべると仮定した場合の値（**表2.3**）よりはるかに小さな値となる。この転位を動かすのに必要な力を**パイエルス力**（Peierls force）という。パイエルス力を計算すると実測値に近い値（同オーダーあるいは実測値の10倍程度）が得られる。これはすべり変形は転位の運動によって起こるとするモデルの妥当性を示す根拠とされている。**表2.2**に3種の結晶構造のすべり系を示したが，それぞれの結晶構造のすべり面で最密方向が最も小さいパイエルス力を与える。

通常，金属中に存在している転位の数は単位体積当りの転位長さとして表され，これを**転位密度**（dislocation density）という。ゆっくりと凝固した金属や十分に焼きなました金属の転位密度は約 $10^9 \sim 10^{11} \mathrm{m}^{-2}$ であるが，強加工することによって $10^{14} \sim 10^{16} \mathrm{m}^{-2}$ に達する。加工前の低転位密度は塑性変形を持続させるためには十分でないと考えられる。また，転位が運動して材料表面に抜けることによって塑性変形し，試験片上にすべり線が現れることも考慮する必要がある。すなわち，転位の数が減少することになるため，塑性変形中に転位が新たにつくり出されることが必要である。この転位の増殖機構として**フランク・リード源**（Frank-Read source）が提唱された。Si単結晶中のフランク・リード源の透過電子顕微鏡観察結果を**図2.15**[2]に，フランク・リード源による転位の増殖過程を**図2.16**に示す。両端が固定（ピン止め）された転位が存在すると考える。せん断応力の負荷によって転位が図(b)以降に示すよ

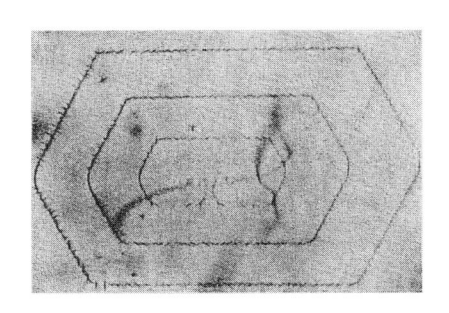

**図2.15** Si単結晶のフランク・リード源

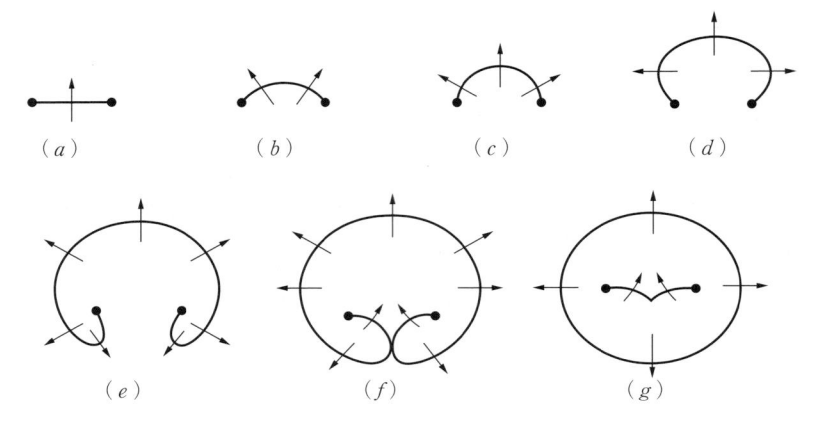

24  2. 静的荷重下での変形と強度，破壊

**図2.16** フランク・リード源における転位の増殖

うに矢印の方向に張り出し，大きく膨張し，さらに図 $(f)$，$(g)$ のように合体することによってループ状（転位ループ）になって外側に運動していく。この過程を繰り返すことによって材料中に連続的に転位が生み出される。

以上に述べたように，変形には材料中の転位という欠陥が大きな役割を果たしている。では，材料にまったく欠陥がなければ材料強度はどうなるのか。すなわち，材料中に転位が存在せず，また，転位が生み出される源もない場合である。例えば，**ウィスカー**（**ひげ結晶**，whisker）と呼ばれる直径 1 μm 程度で長さは mm オーダーの欠陥がきわめて少ない材料がある。これは単結晶であり，金属の溶解と凝固を含む通常の方法で作製した欠陥を多数含む金属材料よりもはるかに高い強度（数十倍）を示すことが知られている。

刃状転位の近くは原子間距離が格子定数よりも広がりひずみが生じている。特に転位の直下では原子間隔が広がり，くさび状のすき間があるように見える。**侵入型固溶体**（interstitial solid solution）をつくるような小さな原子が転位の近傍に集まりやすく，溶質原子の濃度が高くなっている。特に軟鋼の場合は炭素や窒素などの固溶原子が格子のすき間に存在することによりひずみが小さくなり，その結果エネルギー的により安定となるため，転位は動きにくくなる。このような転位が固着された状態は溶質原子（炭素，窒素）の「雰囲気」

によりつくり出されていることから，**コットレル雰囲気**（Cottrell atmosphere）と呼ばれる。あるせん断応力でこの固着されている転位がいったん動き出すと，より小さなせん断応力で転位は運動することができる。これが上降伏点と下降伏点と考えられていた。しかし，軟鋼の降伏点の説明としてコットレル雰囲気の効果は見直されつつあり，その他にもいくつかの理論が提唱されている。詳しくは他の書籍を参照してほしい。

## *2.4* 材料の強さの制御

　純金属はそのほとんどがきわめて軟らかく，数例を除いて純金属のままでは構造用材料として使用に耐えることができない。したがって，金属材料をなんらかの方法で強化する必要がある。金属材料の強度を増加させるということは，塑性変形しにくくすることを意味する。では，どのようにして塑性変形を抑制するのか。塑性変形をつかさどるのは転位であることから，転位の運動を妨げるような仕組みを材料中につくればよいことになる。以下に代表的な材料の高強度化のメカニズムについて述べる。

　また，鋼を焼き入れることによりマルテンサイトと呼ばれる非常に硬い組織となる。マルテンサイトについては他の書籍を参考にしていただきたい。

### *2.4.1* 加 工 硬 化

　*2.2*節において，加工硬化について紹介した。金属材料は通常，絶対温度で表示した融点の約 1/2 の温度以下で冷間加工すると強度，硬度が上昇する。このような低温域で引張試験を行い，塑性域の途中で負荷を中断し，除荷するときの応力-ひずみの関係を**図** *2.5* に示した。

　引張試験前に冷間加工した材料の引張特性と加工率との関係を**図** *2.17* に示す。降伏応力，引張強さともに増大するが，その反面，延性（破断伸び）は減少する。

　冷間加工した（加工硬化した）金属材料は高い転位密度を示し，転位がたが

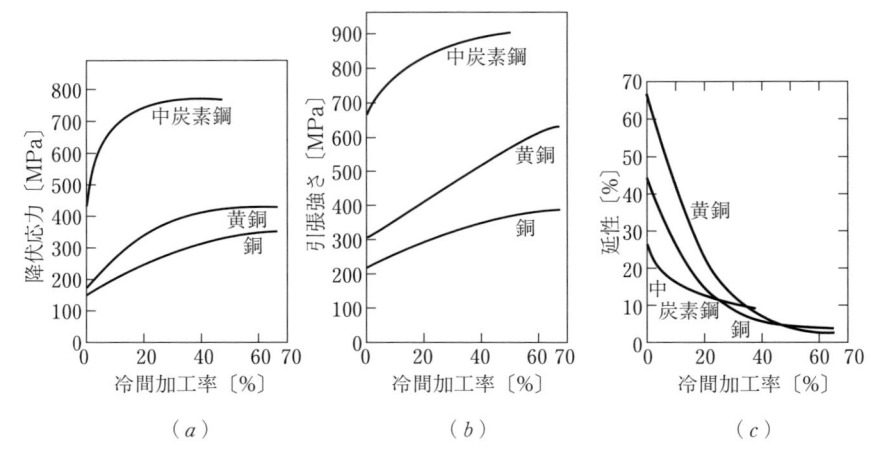

図 2.17 鋼,銅,黄銅の冷間加工による引張特性への影響

いに絡み合ってさらなる転位の運動が阻害されることによって高強度化する。この加工硬化した材料に認められる転位のもつれ合いによってできた転位の分布状態を**セル組織**(cell structure) という。加工硬化した材料の降伏応力は転位密度の平方根に比例し,次式が成り立つことが知られている.

$$\tau = \tau_0 + \alpha G b \sqrt{\rho} \qquad (2.12)$$

上式において,$\tau_0$ は定数で転位の運動に対する摩擦力,$\alpha$ は 0.2 程度の値を示す定数,$G$ はせん断弾性係数,$b$ はバーガースベクトル,$\rho$ は転位密度である.すなわち,加工硬化による高強度化の程度は,冷間加工による転位密度の増加割合に大きな影響を受けることになる.

---

**例題 2.5** 1 cm$^3$ の体積の銅の結晶中に存在する転位の長さが $1 \times 10^9$ m であったとする.このときの転位密度と降伏応力を推定せよ.ただし,ここでは $\tau_0$ は 0,$\alpha$ は 0.2,$b$ は $2 \times 10^{-10}$ m とする.

---

【解答】 まず転位密度は

$$\rho = \frac{1 \times 10^9}{1 \times 10^{-6}} = 1 \times 10^{15} \ [\mathrm{m}^{-2}]$$

となる.せん断応力は式 (2.12) を用いて算出する.銅の $G$ は**表 2.1** より 46 GPa で

あることから，$\alpha, G$ を代入すると
$$\tau = \tau_0 + \alpha Gb\sqrt{\rho} = 58.2 \text{ [MPa]}$$
となる。 ◇

### 2.4.2 結晶粒微細化による強化

　転位はすべり面上を運動する。多結晶材料に応力を負荷すると，応力の増加によって，**図2.18**に示すように，まず結晶粒 A で降伏が生じ，転位が右方向に運動し，隣接する結晶粒 B との結晶粒界に達したとする。しかし，隣接する A および B の結晶粒のすべり面の方位が異なることから，結晶粒 A のすべり面上を運動してきた転位は，そのまま容易に隣の結晶粒 B へ入り込むことができず，結晶粒界に転位が堆積(たいせき)する。また，結晶粒界は原子配列が乱れていることも転位の運動に対する障害となることにも注意する必要がある。したがって，転位が結晶粒界を乗り越えて，隣の結晶粒のすべり面に入り込むためにはさらに高い応力が必要となる。結晶粒 A 内を運動した転位が結晶粒界で堆積すると**応力集中**（stress concentration）が生じ，その応力は結晶粒 B が降伏するほど大きくなる必要がある。

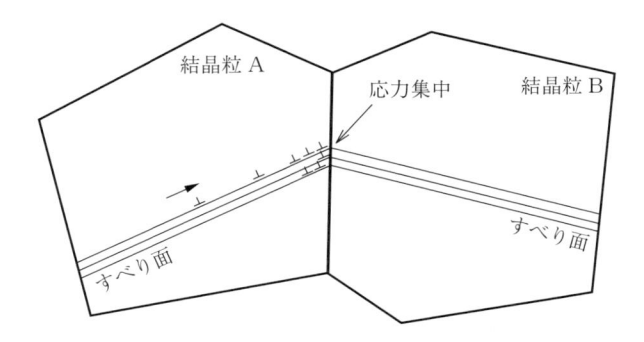

**図2.18** 結晶粒界近傍での結晶方位と転位の堆積

　以上のように，結晶粒界は転位の運動に対する障害となる。単位体積当りの結晶粒界の面積が広くなるように，すなわち，結晶粒を微細にすることによってより高強度となる。**図2.19**に結晶粒径と降伏応力との実験結果を示す。結

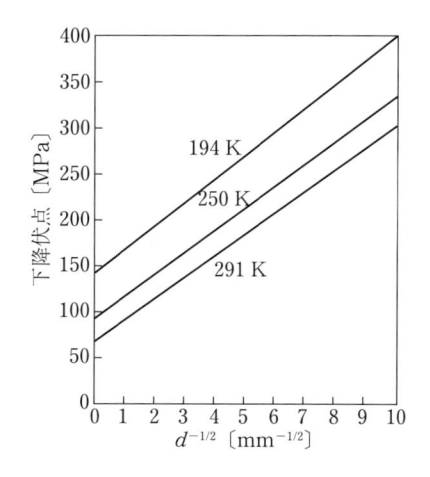

**図 2.19** 材料強度と結晶粒径との関係

晶粒径が微細なほど降伏応力（$\sigma_y$）が増大し，その関係は**ホール・ペッチの関係**（Hall–Petch relation）としてよく知られている。

$$\sigma_y = \sigma_0 + kd^{-1/2} \tag{2.13}$$

上式において，$d$ は平均結晶粒径，$\sigma_0$ と $k$ は材料の種類により異なる定数である。この関係は多くの材料について成立することが報告されている。また，破断応力や硬さなど，他の機械的性質についてもこの関係式が成り立つことが示されている。

結晶粒微細化による強化はあらゆる金属に適用されている。特徴は，後述の他の強化方法と異なり，結晶粒の微細化を行っても材料の化学組成を変化させる必要はないため，一般的に強度増加に伴うトレードオフとしての延性やぜい性の低下に対する影響が少ないことである。

このような結晶粒微細化による強化が室温で有効な材料でも，高温変形時にはまったく強化機構として作用せず，むしろ結晶粒径が微細なほうが粒界すべりを生じやすくなり，結果として強度の低下，ときには大幅な延性の増加（**超塑性変形**，superplastic deformation）をもたらす。

結晶粒をさらに微細にしてナノオーダーの結晶粒にすると，それまでの結晶粒の微細化による強度増加から，逆に再度軟化に転ずる現象が認められる。こ

れは，結晶粒があまりにも小さくなると結晶粒内にもはや転位が存在することができなくなること，また，結晶粒界の幅が増加し，マクロな塑性変形に対する粒界すべりの寄与が相対的に大きくなることにより，結晶粒微細化のメカニズム（結晶粒内の転位のすべりに対する障害として結晶粒界が作用する）が働かなくなるためである．

**例題 2.6** 鋼の結晶粒径と降伏応力との関係について実験をしたところ，**表 2.4** の結果を得た．ホール・ペッチの関係に当てはめて，$\sigma_0$ と $k$ を求めよ．

表2.4 鋼の結晶粒径と降伏応力の関係

| 結晶粒径〔μm〕 | 降伏応力〔MPa〕 |
|---|---|
| 695 | 100 |
| 110 | 140 |
| 41 | 175 |
| 20 | 215 |
| 13 | 250 |
| 10 | 280 |

**【解答】** 降伏応力と結晶粒径（どのような単位でもよいが，ここでは μm で考える）の $-1/2$ 乗との関係をグラフに書き，その傾きと $y$ 切片から求める．$\sigma_0 = 77\,\mathrm{MPa}$，$k = 632\,\mathrm{MPa} \cdot \sqrt{\mu m}$ となる．

### 2.4.3 固 溶 強 化

金属に異種原子が固溶すると降伏応力が上昇する．これを**固溶強化**（solid solution strengthening）という．母相に不純物原子あるいは合金元素が固溶している場合，その固溶形態が置換型であれ侵入型であれ，金属の格子にゆがみが生ずる．**図 2.20** に溶媒原子と相対的に大きさが異なる原子が置換型に固溶した場合の格子ひずみを模式的に示す．理想的な欠陥のない純金属のすべり面上を転位が運動する最小の応力が臨界分解せん断応力である．したがって，そのすべり面に異種元素が存在すると，原子半径が異なることからも，図に示す

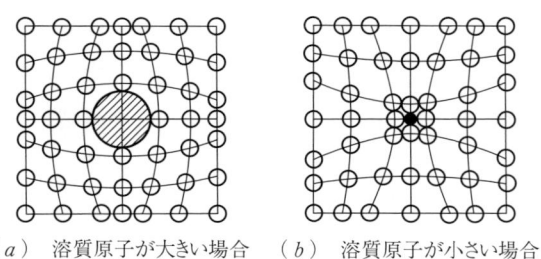

(a) 溶質原子が大きい場合　(b) 溶質原子が小さい場合

**図2.20** 固溶原子による格子のひずみ

ように，格子にゆがみが生じ，転位の運動に必要な応力が増加することになる。これを**弾性的相互作用**（elastic interaction）あるいは**原子寸法効果**（size effect）という。一般に，溶質原子よりも原子半径の差が大きな元素ほど固溶強化への寄与が大きくなる。**図2.21**に鋼における固溶量と引張強さの増加量との関係を示す。溶媒原子が異なっても，一般的には溶質原子の割合が増加すると，強度が増加し，その割合は溶媒原子との原子半径の違いが大きな元素ほど著しい。鋼に対するAlやCrの添加などのように，固溶量が少ない場合に一時的に強度低下をする場合がある。これを**固溶軟化**（solid solution softening）という。

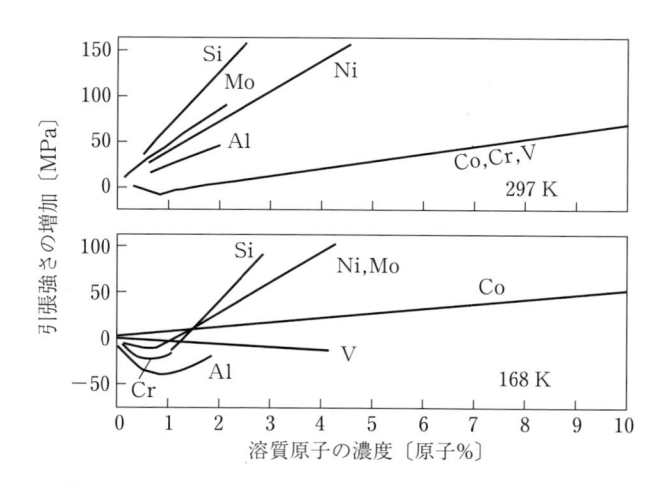

**図2.21** 鋼の強度に対する固溶原子と固溶量の変化の効果

侵入型原子の効果として鋼（Fe）に炭素（C）を固溶させた場合の炭素（C）濃度による降伏応力の変化を**図 2.22** に示す。

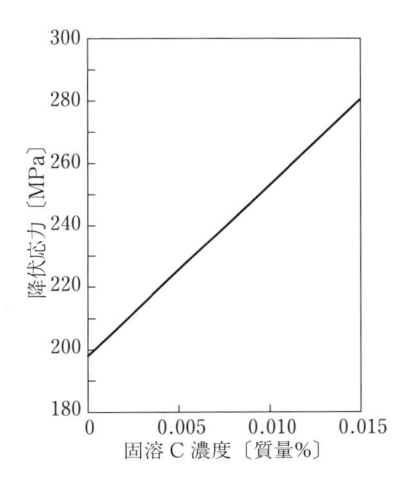

**図 2.22** 炭素を固溶させた鋼の降伏応力の変化

固溶強化の特徴として，高温でも強化のメカニズムとして作用しうること，bcc 金属と fcc 金属では固溶による効果に違いが認められることが挙げられる。

### 2.4.4 析出強化および分散強化

合金をつくるために添加した元素が，その合金系の固溶限を超えて添加された場合，母相とは異なる相が析出する。通常は，**溶体化処理**（solid solution treatment）と**時効**（aging）を行うことにより目的とする硬質な粒子を微細にかつ均一に母相中に分散させる。この熱処理温度は，状態図によって容易に理解できる。

まず，合金が単相状態を示す温度域から急冷することによって合金成分を強制固溶させた素材を作製する（溶体化処理）。引き続き目的とする析出物が安定な温度（溶体化処理温度より低い）で保持し，徐々に析出物を生成させる（時効）。したがって，この母相中の第 2 相は母相成分と合金元素との金属間化合物である場合が多い。

材料中に微細な粒子が析出することにより，析出物周辺の母相にひずみが生じるため，固溶強化の場合と同じように転位を運動させるには大きな応力が必要となる。さらにすべり面上の析出物は運動する転位の障害物となり，転位が析出物を通過できない場合がある。このような強化機構を**析出強化**（precipitation strengthening）という。析出物を転位が通過するときの様子を**図 2.23**に示す。

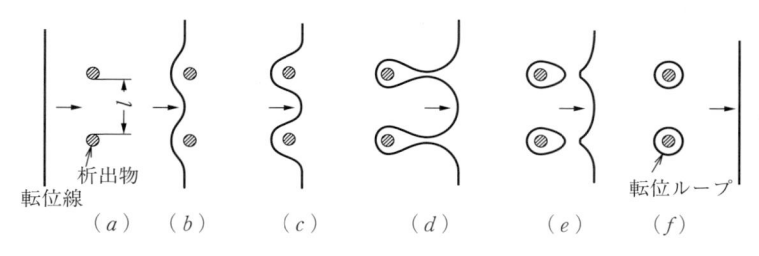

**図 2.23** 析出した硬い第 2 相を転位が通過するときのモデル

簡単に考えるために，すべり面上に析出物が一直線上に並び，その間隔を $l$ とする。この析出物は十分に硬いため転位は通り抜けられないとする。その場合，図に示したように，転位に働く力が大きくなるにつれて転位は粒子間に張り出し（図 ($b$)～($d$)），ついには粒子のまわりに転位ループを残して通過していく。このような転位と析出物との相互関係を**オロワン機構**（Orowan mechanism）という。析出物を通過する前後に注目すると，引き延ばされた転位と転位ループの分だけ転位の長さが増加していることがわかる。この分の余分な仕事が費やされたことになる。このように，通り抜けられない析出物をう回して転位が運動するために必要な応力 $\tau$ は**オロワンの応力**（Orowan stress）といい

$$\tau = \frac{2Gb}{l} \tag{2.14}$$

となる。この応力が本機構による強化に相当する。$G$ はせん断弾性係数，$b$ はバーガースベクトルである。上式の $l$ は**図 2.23**に示すように析出物の表面間距離である。**図 2.24** に析出物の平均間隔と降伏応力との関係を示す。図よ

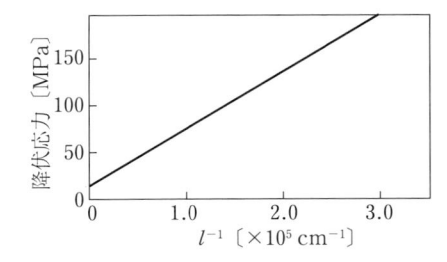

**図 2.24** 鋼に析出した酸化物の平均距離と降伏応力との関係

り，降伏応力が式 (2.14) に従って $1/l$ に比例していることがわかる．塑性変形の進行に伴って，複数の転位が析出物を通過する．そのたびごとに転位ループが残り，見かけ上，析出物が大きくなったことになる．すなわち，式 (2.14) で $l$ が小さくなることに相当し，変形量が大きくなるに従ってオロワンの応力は大きくなることを意味する．

析出強化は，鉄鋼，マルエージ鋼，ステンレス鋼などの鉄合金，ニッケル基超合金，各種アルミニウム合金および銅合金など広く用いられている．

析出硬化合金は第 2 相の熱的安定性，特に析出物が母相に分解してしまう温度によって合金の使用温度が決定される．ニッケル基超合金は $Ni_3Al$ 系の金属間化合物が析出するので，析出物が分解する温度である 1 000℃ をわずかに超える温度で強化機構が働かなくなる．

**分散強化**（dispersion strengthening）の強化メカニズムは析出強化と同一であるが，材料の製造方法が異なる．アルミニウムなどを添加した素材を高温で熱処理して材料内部でアルミニウム酸化物を生成する内部酸化法や，粉末冶金法で製造される．粉末冶金法では，母相を構成する材料の粉末と強化相としての硬質粒子（多くはセラミックス粉末）の微細粉末を混合，焼結することによって製造する．したがって，その特性は用いた原料粉末の性質と性能に大きく依存することとなる．析出強化との最大の違いは，分散させた粒子は高温でも分解・消滅しないことであり，高温材料として析出強化合金よりはるかに高い温度での利用が可能となる．

## 2.5 延性,じん性,ぜい性

**延性**(ductility)とは,材料が破壊するまでに示す塑性変形量を表す目安である。大きな塑性変形を示す材料は延性に富むという。引張試験における材料特性では伸びや絞りに相当する。

陶器やセラミックスに代表される,延性を示さずに破壊する非常にもろい材料(ぜい性材料)の性質を**ぜい性**(brittleness)というが,これに対して,材料の破壊に対する抵抗(ねばさ)や破壊しにくさを示す性質を**じん性**(toughness)という。じん性は材料の強靱さに相当するものである。

延性やじん性はどのように評価すればよいであろうか。シャルピー衝撃試験や破壊じん性試験でじん性を評価することができる。破壊じん性については,3章で詳細が述べられているので,ここではシャルピー衝撃試験について述べる。

シャルピー衝撃試験は切欠きを有する試験片に衝撃荷重を加えて破壊させる試験法である。振り上げたハンマの角度と,それを振り下ろして試験片を破壊した後に持ち上がったハンマの角度の差から破壊に際して材料が吸収したエネルギー量(**吸収エネルギー**,absorbed energy)を算出することができる。この吸収エネルギーを試験片断面積で割った値を**シャルピー衝撃値**(Charpy impact value)という。じん性およびぜい性を評価する指標として用いられる。

室温での静的引張試験では延性破壊する材料でも,実験条件次第では同じ引張試験でぜい性破壊をすることがある。例えば,低温での試験の場合,切欠きを有する試験片を用いた場合,不適切な熱処理を施した場合に認められる。

低温でぜい性破壊を起こす現象を**低温ぜい性**(low temperature brittleness)という。特に炭素鋼や低合金鋼で吸収エネルギー(あるいは衝撃値)の温度による変化が特徴的である。**図 2.25** に炭素鋼の吸収エネルギーの試験温度による変化を示す。炭素量によってその挙動は大きく異なるが,特定の温度域で吸収エネルギーが急激に低下する。この現象を**延性-ぜい性遷移**(ductile-brittle

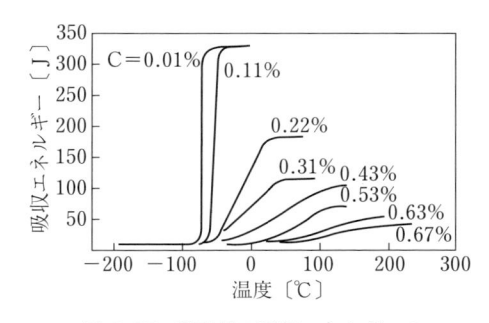

**図 2.25** 炭素鋼の吸収エネルギーの温度による変化

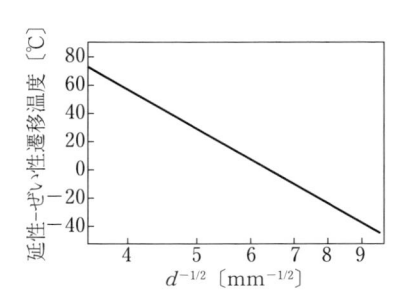

**図 2.26** フェライト粒径 $d$ と延性-ぜい性遷移温度との関係

transition），臨界温度を**延性-ぜい性遷移温度**（ductile-brittle transition temperature, **DBTT**）という．この遷移温度は破壊時に吸収されたエネルギーが1/2になる温度，あるいは破面観察によってぜい性的に破壊した破面率を基に定義される．DBTT の前後の高温域および低温域では，吸収エネルギーはほぼ一定値となり，**上部しきいエネルギー**および**下部しきいエネルギー**という．炭素量の増加によって DBTT の上昇が認められる．特に中炭素鋼では遷移温度が 0℃ 程度になることに注意が必要である．冬期の屋外の温度低下によってこの遷移温度を下回ってしまうことがある．このように吸収エネルギー（あるいは衝撃値）が変化する温度範囲は材料によってさまざまであるが，狭い温度範囲で急激に変化する場合，その材料の使用には注意が必要であることはいうまでもない．bcc や hcp の構造をもつ金属材料は低温でぜい化する傾向をもつ．

延性からぜい性への遷移は，化学組成が同一の材料でも微細組織によって影響を受ける．**図 2.26** に 0.11%C 鋼のフェライト粒径 $d$ と延性-ぜい性遷移温度との関係を示す．例えば，材料の高性能化のために，前節に示したように結晶粒が微細化されるが，組織の微細化により延性-ぜい性遷移温度は大きく低下する．

また，材料に切欠きが存在する場合は，応力集中と相まって材料がぜい性的に破壊することがある．これを**切欠ぜい性**（notch embrittlement）という．切欠比（切欠半径/板厚）がある値よりも大きくなると切欠比の増大に従って

急激に衝撃値が低下する。

　低合金鋼を 550℃ 近傍で長時間保つことにより衝撃値が低下する。これは不純物の粒界における偏析や，炭化物の生成による粒界の炭素量の低下によって生ずる粒界破壊が原因である。特に，不純物元素としての P を含む低合金鋼を焼き入れ・焼き戻したときに認められる。これを**焼戻しぜい性**（temper embrittlement）という。

## 2.6　破　　　壊

　本章では静的な荷重下における材料強度を扱っている。ゆっくりと材料に試験力を加えると材料は最終的に破壊する。金属材料は，大別すると前項で述べたように塑性変形した後に破壊する材料，すなわち延性材料，セラミックスのように弾性範囲内あるいはわずかな塑性変形で破壊する材料，すなわちぜい性材料に分類できる。破壊も同様に前者は**延性破壊**（ductile fracture），後者は**ぜい性破壊**（brittle fracture）と呼ばれる。

　つぎに，多結晶材料の破壊の微視的特徴に注目すると，破壊が結晶粒内で起こる**粒内破壊**（transgranular fracture）と結晶粒界で破壊する**粒界破壊**（intergranular fracture）に分類される。

　また，材料が同一であっても，ひずみ速度，試験温度などの実験条件によって破壊形態（1 回の負荷で試験片を破壊させる試験において）が変わることはいうまでもない。どこまでのひずみ速度が静的試験か，というのはなかなか明確にしにくいところではあるが，ひずみ速度が増加すると，極端な場合，衝撃試験に近い破壊状態になる。静的な引張試験は，材料特性にひずみ速度の顕著な影響のない低ひずみ速度（$10^{-4}\,\mathrm{s}^{-1}$ 程度）で行われている。しかしながら，低融点材料では，室温での試験でも実験温度が再結晶温度以上となる場合は高温変形の範ちゅうに入る。

　本節では，上で述べた「静的な引張試験」を例にとり破壊について説明する。

### 2.6.1 延性破壊

金属材料は鋳鉄や極端な高強度の材料を除いて，明確な塑性変形の後に破壊する。延性に富む材料の場合，破壊までの塑性変形において大きなエネルギーが吸収される。このエネルギーは応力-ひずみ線図の曲線の下の部分の面積に相当する。すなわち，塑性変形しやすい材料は破壊しにくいということができる。

引張試験を行ったときの破断部の形状を図 *2.27* に示す。高温変形，特に延性的な挙動を示すような条件下では図（*a*）のように大きな伸びを生じ，平行部が一様に細くなった後に明確なくびれを起こさずに最も細くなった部分で分離する（**点状破壊**という）。超塑性材料の引張試験片の破断部が典型例である。例えばよくかんだチューインガムを引っ張ったときを想像してもらいたい。それに対して，鉄鋼材料などの典型的な延性材料の室温での引張試験では，図（*b*）のように局部的に収縮した部分で破断する。このとき，破面の一方が凸状，他方が凹状となっている破壊形態を**カップアンドコーン**（cup and cone）**型破壊**という。この場合の軟鋼の破断部分を図 *2.28* に示す。

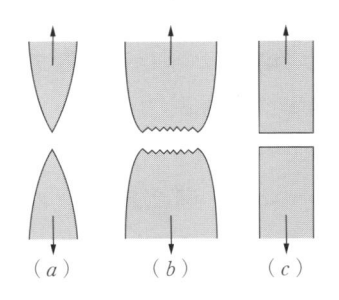

図 *2.27* 引張試験片の破断部形状

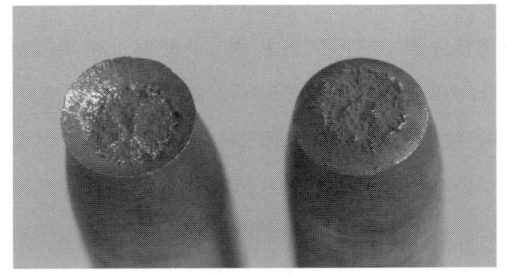

図 *2.28* 軟鋼の引張試験の破断部分，カップアンドコーン型破壊

延性材料は，巨視的には一様変形した後にくびれを生じた箇所で破断する。くびれを生じた部分を中心にして，その微細組織を観察すると，材料中の**非金属介在物**（non-metallic inclusion，酸化物などの硬質な粒子）の周辺に微小な空洞が観察される。塑性変形量が増加するに従って，空洞は大きくなり，その結果，複数の空洞が連結することによって引張軸と垂直に広がるき裂となる。

き裂が徐々に進展し，破断を生ずる。このような延性破壊した破面を走査型電子顕微鏡で観察すると**図2.29**に示すように破面に微細な凹凸が認められる。結晶粒内で破壊（粒内破壊）が起こった場合に認められ，これを**ディンプル**（dimple）という。ディンプルの底に非金属介在物が認められることがある。

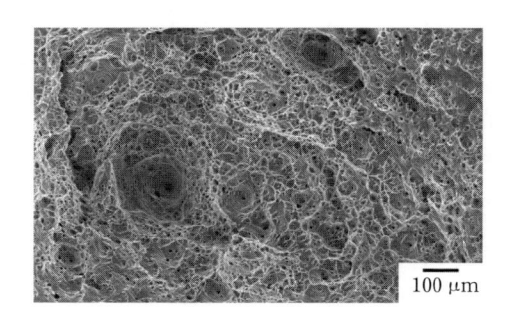

**図2.29** 延性破壊破面の走査型電子顕微鏡観察（ディンプル）

### 2.6.2 ぜ い 性 破 壊

ほとんど塑性変形を生ずることなく，突然に破壊する現象であり，前述の**図2.4**に示した応力-ひずみ線図の模式図のように弾性範囲内，あるいはわずかな塑性変形で急激に破断する。ぜい性材料の定義は明確ではないが，破断までのひずみ量が5%程度以下であるような材料を指す場合がある。したがって，破壊までにほとんどエネルギーを吸収していないことになる。

ぜい性破壊後の試験片は前述の試験片の破断部分の状況の**図2.27**(c)のように，引張軸に対して垂直な平らな面となる。引張応力がある値を超えると，き裂の発生と同時に進展が急速に進む。このことは，機械・構造物において破壊に際して予兆が認められないことを意味し，延性破壊とは大きく異なり最も危険な破壊といえる。

金属材料でももろい結晶材料では**へき開面**（cleavage plane）に沿ってき裂が進展し破壊を生ずる。これを**へき開破壊**（cleavage fracture）といい，fcc金属以外で認められる。したがって，多結晶材料では結晶粒によって結晶方位が異なることから，へき開面が異なることになる。このような，破面で結晶粒ごとに異なるへき開面を呈している状況を**ファセット**（facet）と呼ぶ。また，

へき開破壊は結晶粒内で破壊が生ずることより粒内破壊に分類される。

ぜい性破壊に関してはグリフィスによるき裂が進展するための理論があり、3章に詳細が述べられている。

これに対して、き裂が粒界内を進展して破壊に至る粒界破壊は、その多くが結晶粒界における不純物や合金元素の偏析を原因として起こる。例えば高温変形時や熱処理などによる元素の拡散によって粒界に溶質原子が濃縮することが原因となる。

## 演 習 問 題

【1】 ウィスカーはどのような特徴をもつ材料か。高強度を示す理由はなにか。

【2】 純アルミニウムの引張試験を行った。試験片の直径は 12.7 mm、標点間距離は 60 mm である。実験に際して弾性範囲からわずかに塑性変形を生じるまで荷重と伸びのデータを精密に測定した。その結果を**問表 2.1** に示す。得られたデータから公称応力-公称ひずみ線図(応力は MPa、ひずみは % で表示)を作成せよ。また、この実験における縦弾性係数および 0.2%耐力を算出せよ。

**問表 2.1** 純アルミニウムの引張試験結果

| 荷重 [kgf] | 伸び [mm] | 荷重 [kgf] | 伸び [mm] |
|---|---|---|---|
| 0.0 | 0.000 | 720.0 | 0.049 |
| 52.5 | 0.003 | 782.5 | 0.055 |
| 54.0 | 0.003 | 845.0 | 0.061 |
| 192.5 | 0.013 | 909.5 | 0.069 |
| 279.5 | 0.019 | 973.0 | 0.080 |
| 328.0 | 0.022 | 1 036.0 | 0.096 |
| 378.0 | 0.025 | 1 092.0 | 0.124 |
| 431.0 | 0.029 | 1 130.5 | 0.182 |
| 484.5 | 0.032 | 1 150.0 | 0.276 |
| 541.0 | 0.036 | 1 162.0 | 0.385 |
| 599.5 | 0.040 | 1 169.5 | 0.500 |
| 659.5 | 0.045 | 1 172.5 | 0.614 |

【3】 アルミニウム合金の強度を増加させる方法について,具体的に説明せよ.

【4】 双晶変形とはどのようなものか.その変形の仕組み,どのような条件下で双晶が生ずるかなど,特徴をまとめよ.

【5】 単結晶材料を引張試験する.引張軸方向に対してすべり面の法線方向が30°であるとする.
　　　（1） このすべり面におけるすべり方向を,63°,72°,81°とする.引張応力を増加したときに,最初にすべるすべり方向はどれか.
　　　（2） その面のシュミット因子を求めよ.
　　　（3） この単結晶の降伏応力は50 MPaであった.臨界分解せん断応力を求めよ.

【6】 直径が5 mm,長さ1 mの軟鋼の丸棒に引張荷重を負荷する.この丸棒に0.8 mmの弾性変形（伸び）を生じさせるに必要な荷重を求めよ.また,そのときの丸棒の直径を求めよ.

【7】 引張試験において加工硬化が認められた.ひずみが5％のときの応力は450 MPa,8％のときの応力は560 MPaであったとする.この材料のひずみ硬化指数と強度係数を求めよ.

【8】 母相に硬質な第2相が5 vol％析出しているとする.球形の析出物の直径が100 nmの場合と200 nmの場合について転位の張出しに必要な応力を求めよ.ここで,母相の横弾性係数を40 GPa,バーガースベクトルの大きさを$3 \times 10^{-10}$ mとする.

【9】 マルテンサイトはなぜ高強度を示すのか.調べてまとめよ.

# 3

# 破壊力学概説

　材料力学で学習した応力やひずみは，機械・構造物を設計するうえで非常に重要なパラメータであり，応力やひずみを基準とした多くの**破壊基準**（fracture criterion）がこれまでに提案されている。しかし，これらの破壊基準は万能ではなく，機械・構造物の予期せぬ破壊事故が 20 世紀前半から多数起こっている。代表的なものは第 2 次世界大戦中，米国で短期間に船を増産するために溶接構造が採用された全溶接船（11 kton の貨物船でリバティー船と呼ばれる）が静かな海に停泊中に半分に折れるという破壊事故と，**4.2.1** 項に述べられている世界初のジェット旅客機コメット機の墜落事故である。リバティー船の破壊原因は溶接部の**破壊じん性**（fracture toughness）の不足であり，ぜい性き裂の発生と成長によるもので，コメット機の墜落は機体上部にある自動方向探知機のアンテナ窓のコーナー部での**疲労き裂**（fatigue crack）の発生と成長によるものであった。これらの事故原因は材料中で発生したき裂の成長による破壊であり，これ以降，材料中のき裂を対象とした破壊力学が発展してきた[1]。破壊力学では材料力学とは異なり，き裂先端近傍の応力場を考えることで，材料力学とは違ったパラメータである**応力拡大係数**（stress intensity factor）を破壊基準として用いる。

　本章では破壊力学を学ぶうえでの基礎として，弾性力学の基礎式や円孔の応力集中について説明するとともに，破壊力学で取り扱うき裂の形態や応力拡大係数，さらには破壊じん性について概説する。

## 3.1　応力またはひずみを用いた破壊基準

　材料力学では最初に一軸応力状態を前提として，引張強さや圧縮強さを学ぶが，機械・構造物に作用する応力は必ずしも一軸応力状態であるとは限らず，多くの場合二軸応力状態もしくは三軸応力状態である。このため，一軸応力状

態での降伏強度や破壊強度から多軸応力状態での限界強度を推定する方法が考えられ，これまでに多くの破壊基準が提案されている。これらの中で有名な説は，ぜい性材料に対して適用されるランキン（Rankine）の**最大主応力説**（maximum principle stress theory）や延性材料に対して適用されるトレスカ（Tresca）の**最大せん断応力説**（maximum shear stress theory）である。これらの説は材料の破壊は主応力もしくはせん断応力がある限界値に達したときに生じるとするもので，応力基準の説である。

一方，延性材料に対して適用されるフォン・ミーゼス（Von Mises）の**せん断ひずみエネルギー説**（shear strain energy theory）はせん断ひずみエネルギーがある限界値に達したときに材料が破壊に至るとするものであり，エネルギー基準の説である。機械・構造物の設計においては，これらの説に基づいて決定された基準応力（強度）を安全率で除した強度値を設計応力もしくは許容応力として使用する。また，部材に切欠きや円孔などがある場合には，この値に曲率部の応力集中係数を加味して使用される。現在でもこうした設計手法は一般的に行われており，材料力学は構造設計に有効な学問として広く学ばれている。

## 3.2 弾性力学の基礎

破壊力学ではき裂先端近傍の応力状態を考え，そこからき裂の問題へ展開していく。材料力学の知識でも楕円孔を有する平板の応力集中の問題から，楕円孔を細長くしていき，き裂を有する平板の問題に拡張することはできるが，破壊力学を十分に理解するには弾性力学の知識が必要である。そのため，ここでは弾性力学における基本的な事項を説明する。

### 3.2.1 力のつりあいと応力の平衡方程式

物体に外力が作用する場合，作用する力につりあうために反作用力が働く。このとき，物体内部において**図 3.1**に示すような $x, y, z$ 方向の長さがそれぞ

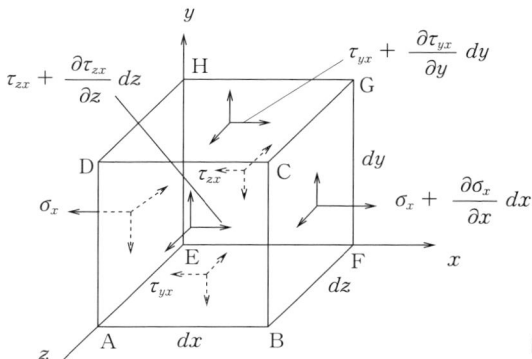

**図 3.1** 直方体に働く応力

れ $dx, dy, dz$ の微小な直方体を考える。六つの面のそれぞれの面には一つの**垂直応力**（normal stress）と二つの**せん断応力**（shear stress）が作用している。なお，応力を表示するにあたって 1 番目の添字は面を表す記号であり，その面の法線方向を示している。2 番目の添字は応力の作用する方向を示しているが，垂直応力に関しては，例えば，$\sigma_{xx}$ではなく，一般に $\sigma_x$ と表記される。

まず，$x$ 方向について力のつりあいを考える。$yz$ 平面（面 ADHE）には $x$ 方向に垂直応力 $\sigma_x$ が負の方向に作用している。一方，$\sigma_x$ は $x, y, z$ の関数であるため，$dx$ だけ離れた $yz$ 平面（面 BCGF）では正の方向に $\sigma_x + (\partial\sigma_x/\partial x)dx$ の垂直応力が作用している。$xz$ 平面（面 ABFE）ではせん断応力 $\tau_{yx}$ が負の方向に作用しており，$dy$ だけ離れた $xz$ 平面（面 DCGH）では $\tau_{yx}$ は $x, y, z$ の関数であるため，正の方向に $\tau_{yx} + (\partial\tau_{yx}/\partial y)dy$ のせん断応力が作用している。同様に，$xy$ 平面（面 EFGH）ではせん断応力 $\tau_{zx}$ が負の方向に作用し，$dz$ だけ離れた $xy$ 平面（面 ABCD）では正の方向に $\tau_{zx} + (\partial\tau_{zx}/\partial z)dz$ のせん断力が作用している。さらに，この直方体の $x$ 方向に作用する重力や遠心力などの**物体力**（body force）を $F_x$ とする。このとき，$x$ 方向の力のつりあいは次式で表される。

$$\left\{\left(\sigma_x + \frac{\partial\sigma_x}{\partial x}dx\right) - \sigma_x\right\}dydz + \left\{\left(\tau_{yx} + \frac{\partial\tau_{yx}}{\partial y}dy\right) - \tau_{yx}\right\}dzdx$$
$$+ \left\{\left(\tau_{zx} + \frac{\partial\tau_{zx}}{\partial z}dz\right) - \tau_{zx}\right\}dxdy + F_x\,dxdydz$$

$$= 0 \qquad (3.1)$$

両辺を微小体積 $dxdydz$ で割ると,次式が得られる.

$$\frac{\partial \sigma_x}{\partial x} + \frac{\partial \tau_{yx}}{\partial y} + \frac{\partial \tau_{zx}}{\partial z} + F_x = 0 \qquad (3.2)$$

なお,せん断応力は**共役**(symmetry)であるため,$\tau_{xy} = \tau_{yx}$,$\tau_{yz} = \tau_{zy}$,$\tau_{zx} = \tau_{xz}$ である.$y$ 軸方向および $z$ 軸方向についても同様に考えると,微小直方体に作用する力のつりあいからつぎの方程式が導かれる.これは**応力の平衡方程式**(equilibrium equation)と呼ばれ,物体内部のすべての点で成立しなければならない基本式である.

$$\left.\begin{aligned}\frac{\partial \sigma_x}{\partial x} + \frac{\partial \tau_{xy}}{\partial y} + \frac{\partial \tau_{zx}}{\partial z} + F_x = 0 \\ \frac{\partial \tau_{xy}}{\partial x} + \frac{\partial \sigma_y}{\partial y} + \frac{\partial \tau_{yz}}{\partial z} + F_y = 0 \\ \frac{\partial \tau_{xz}}{\partial x} + \frac{\partial \tau_{yz}}{\partial y} + \frac{\partial \sigma_z}{\partial z} + F_z = 0\end{aligned}\right\} \qquad (3.3)$$

なお,**3.3**節で取り扱うき裂先端近傍の応力場の問題など,2 次元問題として取り扱える場合には式 (3.3) は次式で表される.

$$\left.\begin{aligned}\frac{\partial \sigma_x}{\partial x} + \frac{\partial \tau_{xy}}{\partial y} + F_x = 0 \\ \frac{\partial \tau_{xy}}{\partial x} + \frac{\partial \sigma_y}{\partial y} + F_y = 0\end{aligned}\right\} \qquad (3.4)$$

### *3.2.2* 変位とひずみの関係

物体に外力が作用すると変形を生じ,変位とひずみの間には以下に示すような関係がある.ここでは簡単のため,平面問題(2 次元問題)として説明する.

まず,**図 3.2** に示すような縦 $dy$,横 $dx$ の微小な長方形 ABCD を考え,外力により平行四辺形 A'B'C'D' に変形したとし,点 A の変位ベクトル $\overrightarrow{AA'}$ の $x$ 方向および $y$ 方向成分(変位)をそれぞれ $u, v$ とする.このとき,点 B は

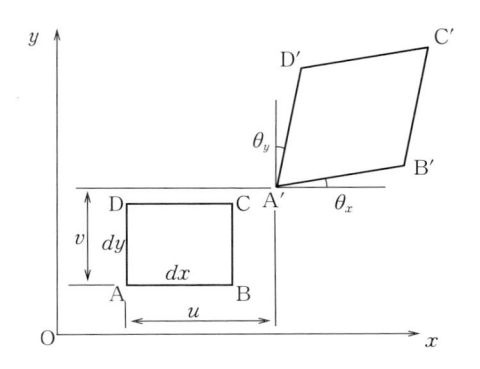

**図 3.2** 直方体の変形

点 B′ に移動し，点 A から $dx$ 離れた点 B の変位ベクトル $\overrightarrow{\mathrm{BB'}}$ の $x$ 方向成分は微小量を無視すると，$u + (\partial u/\partial x)dx$ となるから，変形による要素 AB の長さの変化は $(\partial u/\partial x)dx$ となる。したがって，$x$ 方向の垂直ひずみ $\varepsilon_x$ はこの変化量を元の長さ $dx$ で割ればよい。$y$ 方向の垂直ひずみ $\varepsilon_y$ も同様に考えると，次式を得る。

$$\left.\begin{array}{l} \varepsilon_x = \dfrac{\partial u}{\partial x} \\[6pt] \varepsilon_y = \dfrac{\partial v}{\partial y} \end{array}\right\} \tag{3.5}$$

また，変位ベクトル $\overrightarrow{\mathrm{BB'}}$ の $y$ 方向成分は $v + (\partial v/\partial x)dx$ であることから，$\tan\theta_x = \{(\partial v/\partial x)dx\}/dx = \partial v/\partial x$ を得る。また，変位ベクトル $\overrightarrow{\mathrm{DD'}}$ の $x$ 方向成分は $u + (\partial u/\partial y)dy$ であるから，$\tan\theta_y = \{(\partial u/\partial y)dy\}/dy = \partial u/\partial y$ となる。いま，物体の変形が微小であるから $\theta_x \approx \tan\theta_x$，$\theta_y \approx \tan\theta_y$ と近似でき，せん断ひずみ $\gamma_{xy}$ は次式で与えられる。

$$\gamma_{xy} = \theta_x + \theta_y = \frac{\partial v}{\partial x} + \frac{\partial u}{\partial y} \tag{3.6}$$

式 (3.5) および式 (3.6) はひずみ-変位関係式であり，式 (3.3) の応力の平衡方程式とともに材料特性には依存しない関係式である。

なお，式 (3.5), (3.6) から物体が変形後も物体を保つための条件式（**ひずみの適合条件**（compatibility equation））が得られる。

$$\frac{\partial^2 \varepsilon_x}{\partial y^2} + \frac{\partial^2 \varepsilon_y}{\partial x^2} = \frac{\partial^2 \gamma_{xy}}{\partial x \partial y} \tag{3.7}$$

### 3.2.3 応力とひずみの関係

応力とひずみの関係は,すでに材料力学で学んだように,材料の変形特性を表す関係式であり,3次元の直交座標系 $x, y, z$ 軸に関して,次式の関係がある。なお,$E$ は縦弾性係数,$\nu$ はポアソン比,$G$ はせん断弾性係数であり,$G = E/\{2(1+\nu)\}$ の関係を用いて $\nu$ と $E$ もしくは $G$ で表されることが多い。

$$\left.\begin{aligned}\varepsilon_x &= \frac{1}{E}\{\sigma_x - \nu(\sigma_y + \sigma_z)\} \\ \varepsilon_y &= \frac{1}{E}\{\sigma_y - \nu(\sigma_z + \sigma_x)\} \\ \varepsilon_z &= \frac{1}{E}\{\sigma_z - \nu(\sigma_x + \sigma_y)\}\end{aligned}\right\} \tag{3.8a}$$

$$\left.\begin{aligned}\gamma_{xy} &= \frac{\tau_{xy}}{G} \\ \gamma_{yz} &= \frac{\tau_{yz}}{G} \\ \gamma_{zx} &= \frac{\tau_{zx}}{G}\end{aligned}\right\} \tag{3.8b}$$

3次元応力状態において,ある一つの面に作用している応力成分がすべてゼロの状態のことを**平面応力**(plane stress)**状態**といい,これは直方体の各面に働く垂直応力とせん断応力を示した**図 3.3** において,例えば,$xy$ 平面上における応力 $\sigma_z, \tau_{yz}, \tau_{zx}$ がすべてゼロとなる状態である。この状態は,板厚の小さい板の応力状態について適用されることが多い。これは,板厚が小さいため板厚方向の応力勾配が非常に小さく,$\sigma_z, \tau_{yz}, \tau_{zx}$ が他の応力成分に比べて無視できると仮定できることがその理由である[2]。

平面応力状態の場合,$z$ 方向の垂直応力がゼロであるとすると,$\sigma_z = \tau_{yz} = \tau_{zx} = 0$ であるから,式 (3.8) は次式のようになる。

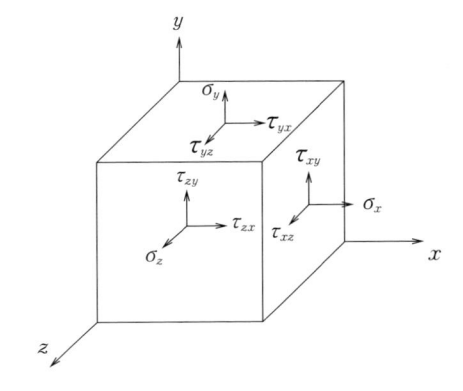

**図 3.3** 垂直応力とせん断応力

$$\left.\begin{array}{l} \varepsilon_x = \dfrac{1}{E}(\sigma_x - \nu\sigma_y) \\[4pt] \varepsilon_y = \dfrac{1}{E}(\sigma_y - \nu\sigma_x) \\[4pt] \varepsilon_z = -\dfrac{\nu}{E}(\sigma_x + \sigma_y) \end{array}\right\} \quad (3.9a)$$

$$\left.\begin{array}{l} \gamma_{xy} = \dfrac{\tau_{xy}}{G} \\[4pt] \gamma_{yz} = \gamma_{zx} = 0 \end{array}\right\} \quad (3.9b)$$

なお，式 (3.9) からわかるように，$\sigma_z = 0$ ではあるが，$\varepsilon_z$ はゼロではないことに注意する必要がある。

一方，**平面ひずみ**（plane strain）**状態**は3次元ひずみ状態において，ある一つの方向に作用しているひずみ成分がすべてゼロの状態のことをいう。例えば，**図 3.3** において $z$ 軸方向に作用するひずみ $\varepsilon_z, \gamma_{yz}, \gamma_{zx}$ がすべてゼロとなる状態であり，この状態は海中に沈めた管（長さ方向のひずみがゼロ），平板の圧延[2]（圧延面で考えると圧延方向に対して垂直方向のひずみがゼロ）や比較的厚みのある板の内部の応力状態を考えるときに適用される。後述するが，き裂を有する平板のき裂先端の応力状態も板厚の影響を受け，板厚が小さい場合は平面応力状態，板厚が大きい場合は平面ひずみ状態が支配的になるため，十分理解しておくことが重要である。

平面ひずみ状態の場合, $z$ 方向のひずみがゼロであるとすると, $\varepsilon_z = \gamma_{yz} = \gamma_{zx} = 0$ であるから, 次式を得る。

$$\left. \begin{array}{l} \varepsilon_x = \dfrac{1}{E}\{\sigma_x - \nu(\sigma_y + \sigma_z)\} \\[4pt] \varepsilon_y = \dfrac{1}{E}\{\sigma_y - \nu(\sigma_z + \sigma_x)\} \\[4pt] \gamma_{xy} = \dfrac{\tau_{xy}}{G} \end{array} \right\} \qquad (3.10)$$

なお, 式 (3.8) の第 3 式で $\varepsilon_z = 0$ とおくと, $\sigma_z = \nu(\sigma_x + \sigma_y)$ であり, $\sigma_x$, $\sigma_y$, $\sigma_z$ は独立ではない。

ところで, 実際の機械・構造物では厳密には 3 次元応力状態であり, 独立な応力成分は 6 個であるが, 2 次元の平面ひずみ状態や平面応力状態が仮定できる場合, 独立な応力成分は 3 個となる。3 次元応力状態で考えるほうが精度は高いが, 2 次元に帰着させることで取扱いが容易になり, 解析時間も短縮できるため, このような仮定がよく使われる。

---

**例題 3.1** ひずみの適合条件である式 (3.7) を導出せよ。また、この条件式を満たさない場合, 外力などの作用により物体が変形すると, その物体はどのような状態になるのか調べよ。

---

【解答】 式 (3.5) の 2 式をそれぞれ $y$ と $x$ で 2 回偏微分すると

$$\dfrac{\partial^2 \varepsilon_x}{\partial y^2} = \dfrac{\partial^2}{\partial y^2}\left(\dfrac{\partial u}{\partial x}\right), \qquad \dfrac{\partial^2 \varepsilon_y}{\partial x^2} = \dfrac{\partial^2}{\partial x^2}\left(\dfrac{\partial v}{\partial y}\right)$$

となる。また, 式 (3.6) の両辺を $x$ と $y$ で偏微分すると

$$\dfrac{\partial^2 \gamma_{xy}}{\partial x \partial y} = \dfrac{\partial^2}{\partial x^2}\left(\dfrac{\partial v}{\partial y}\right) + \dfrac{\partial^2}{\partial y^2}\left(\dfrac{\partial u}{\partial x}\right) = \dfrac{\partial^2}{\partial x \partial y}\left(\dfrac{\partial v}{\partial x} + \dfrac{\partial u}{\partial y}\right)$$

となる。$u$ と $v$ を消去すれば式 (3.7) が得られる。

この式を満足しない場合, 外力などの作用により物体が変形すると, 変形後の物体にはき裂が生じたり, 物体が重なったりする。

## *3.3* き裂先端の応力場と応力拡大係数

材料中に存在するき裂に関して，き裂先端近傍の変形は，基本的に**図** *3.4* に示す三つの独立な形態に分類することができる。

(1) **モードⅠ型**（**開口型**，opening mode）**のき裂**　　き裂は外力（荷重の負荷）によりき裂の上面と下面が開き，外力の方向に対して垂直方向にき裂（き裂の前縁部）が進展する。

(2) **モードⅡ型**（**面内せん断型**，sliding mode）**のき裂**　　き裂は外力（荷重の負荷）によりき裂の面内でせん断され，外力の方向に対して平行にき裂（き裂の前縁部）が進展する。

(3) **モードⅢ型**（**面外せん断型**，tearing mode）**のき裂**　　き裂は外力（荷重の負荷）によりき裂の面外でせん断され，外力の方向に対して垂直にき裂（き裂の前縁部）が進展する。

モードⅠ型
（開口型）

モードⅡ型
（面内せん断型）

モードⅢ型
（面外せん断型）

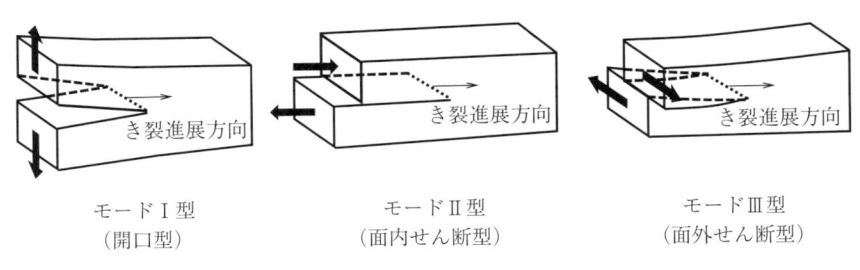

**図** *3.4*　　き裂の三つの基本モード

以上が，き裂の基本的な三つの変形形態である。実際の構造物におけるき裂は，モードⅠ型単独の場合が多いが，2種類のき裂形態が組み合わされた**混合モード**（mixed mode）になることもある。例えば，**図** *3.5* に示す一軸引張りを受ける平板中の斜めき裂の場合はモードⅠ型とモードⅡ型の混合モードとなる[3]。また，**図** *3.6* に示す環状き裂をもつ丸棒に引張りとねじりが同時に作用すると，モードⅠ型とモードⅢ型の混合モードとなる[3]。

つぎに，楕円孔を有する無限平板の引張りにおける応力集中については材料

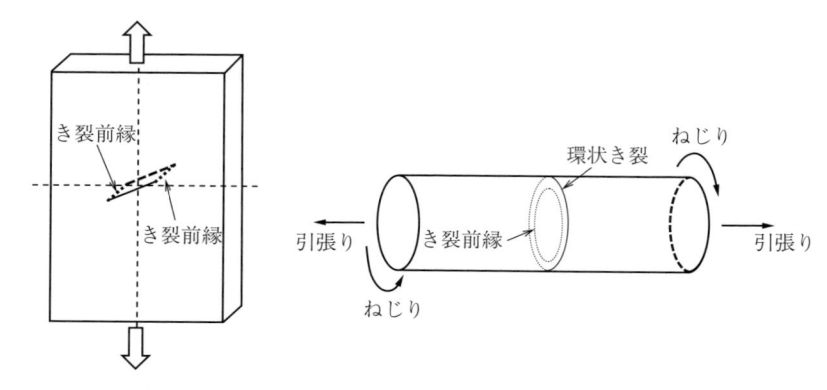

**図 3.5** モード I とモード II が混合する斜めき裂（引張負荷）

**図 3.6** モード I とモード III が混合する環状き裂をもつ丸棒（引張負荷とねじり負荷）

力学で扱われるが，き裂先端近傍の応力場について，ここでは楕円孔からき裂へ話を拡張させて説明する。

まず，**図 3.7**に示すような楕円孔（長軸長さ $2a$，短軸長さ $2b$，楕円孔左右端の曲率半径 $\rho$）を有する無限平板が引張応力を受ける場合について考える。楕円孔から十分に離れたところで $y$ 方向に一様な引張応力 $\sigma$ が作用しているとき，楕円孔周辺には応力集中が生じ，楕円孔縁から正の方向で長軸上（$x$ 軸上）における $y$ 方向の応力はつぎの近似式で与えられる[2]。

$$\sigma_y \approx \sigma\left\{\sqrt{\frac{a}{2r+\rho}}\left(1+\frac{\rho}{2r+\rho}\right)+\left(\frac{\rho}{2r+\rho}\right)\right\} \quad (3.11)$$

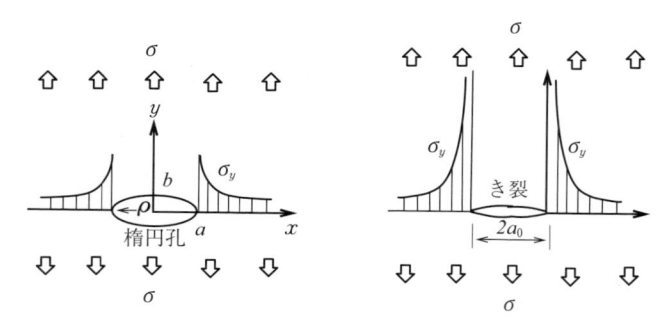

**図 3.7** 楕円孔およびき裂を有する平板の応力集中

ただし，$r$ は楕円孔縁からの距離 $r = x - a$ であり，楕円孔の曲率半径 $\rho$ は長軸長さ $2a$ よりも十分に小さいものとする。

楕円孔縁での応力は $x = a$ $(r = 0)$ で，楕円孔の曲率半径は $\rho = b^2/a$ であるから，式 (3.11) から次式が得られる。

$$\sigma_{y(x=a)} \approx \sigma\left\{\sqrt{\frac{a}{\rho}}\left(1 + \frac{\rho}{\rho}\right) + \left(\frac{\rho}{\rho}\right)\right\} = \sigma\left(1 + \frac{2a}{b}\right) \qquad (3.12)$$

ここで，$\alpha = \{1 + (2a/b)\}$ とおくと，$\alpha$ は楕円孔縁の応力と均一引張応力（楕円孔のない平板の引張応力）との比であり，**応力集中係数**（stress concentration factor）と呼ばれる。なお，円孔の場合は $a = b$ であるため，$\alpha = 3$ となる。

つぎに，楕円孔を限りなく扁平(へんぺい)にし，近似的にき裂とみなすことができる場合，式 (3.11) において楕円孔の曲率半径 $\rho$ を $\rho \to 0$ とすればき裂先端近傍の応力は次式で与えられる。

$$\sigma_y \approx \sigma\left\{\sqrt{\frac{a}{2r+\rho}}\left(1 + \frac{\rho}{2r+\rho}\right) + \left(\frac{\rho}{2r+\rho}\right)\right\}$$

$$= \sigma\left\{\sqrt{\frac{a}{2r+\rho}}\left(1 + \frac{1}{\frac{2r}{\rho}+1}\right) + \left(\frac{1}{\frac{2r}{\rho}+1}\right)\right\} \approx \sigma\sqrt{\frac{a}{2r}} \qquad (3.13)$$

この式は，き裂先端の延長上（$x$ 軸上）における $y$ 方向の応力分布を示したものであり，$y$ 方向に一様な引張応力 $\sigma$，き裂長さ $2a$ がわかれば，き裂先端からの距離 $r$ の位置での応力は $1/\sqrt{r}$ によって決定される。また，距離 $r$ の位置での応力はき裂先端に近づくに従って $1/\sqrt{r}$ に比例して大きくなることがわかる。

以上のことは実際のき裂先端近傍における応力状態についても成り立ち，つぎのように説明できる。まず，**図 3.8** に示すような $x$ 軸上に長さ $2a$ の貫通き裂を有する無限平板を考える。き裂先端を原点として極座標 $(r, \theta)$ をとり，$y$ 方向に均一な引張応力 $\sigma$ が負荷されているものとする。き裂長さ $2a$ に対して $r$ が十分小さい（$r \ll a$）き裂先端付近では，応力と変位は近似的に次式で

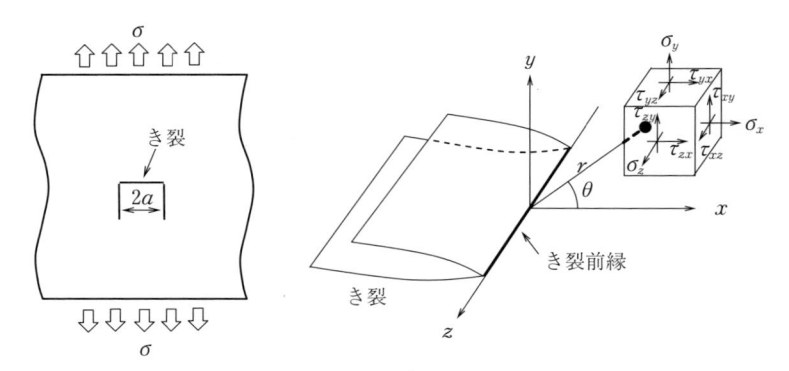

**図 3.8** $x$ 軸上に長さ $2a$ の貫通き裂を有する無限平板におけるき裂先端近傍の応力成分

表される．

$$\left.\begin{aligned}\sigma_x &= \sigma\sqrt{\frac{a}{2r}}\left(\cos\frac{\theta}{2}\right)\left(1 - \sin\frac{\theta}{2}\sin\frac{3\theta}{2}\right) \\ \sigma_y &= \sigma\sqrt{\frac{a}{2r}}\left(\cos\frac{\theta}{2}\right)\left(1 + \sin\frac{\theta}{2}\sin\frac{3\theta}{2}\right) \\ \tau_{xy} &= \sigma\sqrt{\frac{a}{2r}}\left(\cos\frac{\theta}{2}\sin\frac{\theta}{2}\cos\frac{3\theta}{2}\right)\end{aligned}\right\} \quad (3.14a)$$

このとき，平面ひずみ状態の場合は

$$\left.\begin{aligned}\tau_{yz} &= \tau_{zx} = 0 \\ \sigma_z &= \nu(\sigma_x + \sigma_y)\end{aligned}\right\} \quad (3.14b)$$

となり，平面応力状態の場合は

$$\sigma_z = 0 \quad (3.14c)$$

となる．

変位の $x, y$ 方向成分をそれぞれ $u, v$ とすると

$$\left.\begin{aligned}u &= \frac{\sigma}{2G}\sqrt{\frac{ar}{2}}\left(\cos\frac{\theta}{2}\right)\left\{k - 1 + 2\sin^2\left(\frac{\theta}{2}\right)\right\} \\ v &= \frac{\sigma}{2G}\sqrt{\frac{ar}{2}}\left(\sin\frac{\theta}{2}\right)\left\{k + 1 - 2\cos^2\left(\frac{\theta}{2}\right)\right\}\end{aligned}\right\} \quad (3.15)$$

となる．ただし，$G$ はせん断弾性係数であり，$k$ はポアソン比 $\nu$ を用いて，以

下のように表される。

平面応力状態：$k = \dfrac{3-\nu}{1+\nu}$

平面ひずみ状態：$k = 3 - 4\nu$

ここで，式 (3.14) から，き裂先端近傍の応力分布は $1/\sqrt{r}$ で決定され，応力は $1/\sqrt{r}$ に比例して大きくなることがわかる。また，$r$ がゼロに近づくと応力は無限大に発散する。このことは，き裂先端における応力は**特異性**（singularity）をもつことを意味している。

このとき，モードI型のき裂に関して，式 (3.14) において，次式を満たすような，$K_I$ を考える。

$$\sigma\sqrt{\dfrac{a}{2r}} = \dfrac{K_I}{\sqrt{2\pi r}} \tag{3.16}$$

式 (3.16) を変形することにより，$K_I$ は次式で表される。

$$K_I = \sigma\sqrt{\pi a} \tag{3.17}$$

この $K_I$ は座標 $(r, \theta)$ と無関係に無限遠方の応力 $\sigma$ とき裂寸法 $a$ のみで表される量であり，応力や変位の分布の形状は，$K_I$ に無関係であることがわかる。これは，$K_I$ が同じ場合には，負荷状態（無限遠方の応力 $\sigma$）やき裂長さ $a$ が異なっても，き裂先端近傍の応力分布は等しくなることを意味している。このことから，$K_I$ はき裂先端の応力場の強さを表すパラメータとして**応力拡大係数**（stress intensity factor）と呼ばれ，破壊力学では重要なパラメータとなっている。$K_I$ を用いて式 (3.14) および式 (3.15) を書き直すと次式を得る。

$$\left. \begin{aligned} \sigma_x &= \dfrac{K_I}{\sqrt{2\pi r}}\left(\cos\dfrac{\theta}{2}\right)\left(1 - \sin\dfrac{\theta}{2}\sin\dfrac{3\theta}{2}\right) \\ \sigma_y &= \dfrac{K_I}{\sqrt{2\pi r}}\left(\cos\dfrac{\theta}{2}\right)\left(1 + \sin\dfrac{\theta}{2}\sin\dfrac{3\theta}{2}\right) \\ \tau_{xy} &= \dfrac{K_I}{\sqrt{2\pi r}}\left(\cos\dfrac{\theta}{2}\sin\dfrac{\theta}{2}\cos\dfrac{3\theta}{2}\right) \end{aligned} \right\} \tag{3.18}$$

$$\left.\begin{aligned}u &= \frac{K_\mathrm{I}}{2G}\sqrt{\frac{r}{2\pi}}\left(\cos\frac{\theta}{2}\right)\left\{k - 1 + 2\sin^2\left(\frac{\theta}{2}\right)\right\} \\ v &= \frac{K_\mathrm{I}}{2G}\sqrt{\frac{r}{2\pi}}\left(\sin\frac{\theta}{2}\right)\left\{k + 1 - 2\cos^2\left(\frac{\theta}{2}\right)\right\}\end{aligned}\right\} \quad (3.19)$$

応力拡大係数 $K_\mathrm{I}$ の基本式は式 (3.17) で与えられるが，実際は一様応力 $\sigma$ の負荷に対して，き裂の形状が異なる場合や無限板に対する有限幅の補正として**補正係数**（correction factor）$F(\alpha)$ が用いられる。$\alpha$ はき裂長さと板幅の比で表される。

$$K_\mathrm{I} = \sigma\sqrt{\pi a}\, F(\alpha) \quad (3.20)$$

以上の説明は材料中のモードI型のき裂が，一様応力により開口した場合のものであるが，先に説明したように，き裂の形態にはモードII型，モードIII型もあり，これらのき裂についてもモードI型と同様に応力拡大係数を導くことができる。モードII型およびモードIII型におけるき裂先端の応力と変位を以下に示す。

<u>モードII型（面内せん断型）</u>:

$$\left.\begin{aligned}\sigma_x &= -\frac{K_\mathrm{II}}{\sqrt{2\pi r}}\left(\sin\frac{\theta}{2}\right)\left(2 + \cos\frac{\theta}{2}\cos\frac{3\theta}{2}\right) \\ \sigma_y &= \frac{K_\mathrm{II}}{\sqrt{2\pi r}}\left(\sin\frac{\theta}{2}\cos\frac{\theta}{2}\cos\frac{3\theta}{2}\right) \\ \tau_{xy} &= \frac{K_\mathrm{II}}{\sqrt{2\pi r}}\left(\cos\frac{\theta}{2}\right)\left(1 - \sin\frac{\theta}{2}\sin\frac{3\theta}{2}\right)\end{aligned}\right\} \quad (3.21)$$

$$\left.\begin{aligned}u &= \frac{K_\mathrm{II}}{2G}\sqrt{\frac{r}{2\pi}}\left(\sin\frac{\theta}{2}\right)\left\{k + 1 + 2\cos^2\left(\frac{\theta}{2}\right)\right\} \\ v &= -\frac{K_\mathrm{II}}{2G}\sqrt{\frac{r}{2\pi}}\left(\cos\frac{\theta}{2}\right)\left\{k - 1 - 2\sin^2\left(\frac{\theta}{2}\right)\right\}\end{aligned}\right\} \quad (3.22)$$

<u>モードIII型（面外せん断型）</u>:

$$\left.\begin{aligned}\tau_{yz} &= \frac{K_\mathrm{III}}{\sqrt{2\pi r}}\cos\frac{\theta}{2} \\ \tau_{zx} &= -\frac{K_\mathrm{III}}{\sqrt{2\pi r}}\sin\frac{\theta}{2}\end{aligned}\right\} \quad (3.23)$$

なお，モード III 型き裂については $w$ を $z$ 方向の変位とすると

$$w = \frac{2K_{\text{III}}}{G}\sqrt{\frac{r}{2\pi}}\sin\frac{\theta}{2} \qquad (3.24)$$

以上の式中の $K_{\text{II}}$, $K_{\text{III}}$ はそれぞれモード II 型，モード III 型における応力拡大係数で次式となる．

モード II 型（面内せん断型）： $K_{\text{II}} = \tau_{xy}\sqrt{\pi a}$ $\qquad (3.25)$

モード III 型（面外せん断型）： $K_{\text{III}} = \tau_{yz}\sqrt{\pi a}$ $\qquad (3.26)$

モード I 型き裂と同様に，一様応力 $\sigma$ の負荷に対して，き裂の形状が異なる場合があるため，実際の使用に際しては補正係数 $F(\alpha)$ が用いられる．

$$\left.\begin{array}{l} K_{\text{II}} = \tau_{xy}\sqrt{\pi a}\,F(\alpha) \\ K_{\text{III}} = \tau_{yz}\sqrt{\pi a}\,F(\alpha) \end{array}\right\} \qquad (3.27)$$

**例題 3.2** 長さ $2a = 40\,\text{mm}$ の貫通き裂が板材（長さ $200\,\text{mm}$，幅 $2W = 120\,\text{mm}$，厚さ $20\,\text{mm}$）中央幅方向に平行に入っている．長さ方向に $200\,\text{kN}$ の引張力を加えたとき応力拡大係数を求めよ．なお，補正係数 $F$ は次式を用いよ．

$$F(\alpha) = (1 - 0.025\alpha^2 + 0.06\alpha^4)\sqrt{\frac{1}{\cos\left(\dfrac{\pi\alpha}{2}\right)}} \qquad \left(\alpha = \frac{a}{W}\right)$$

**【解答】** 板材に作用する引張応力 $\sigma$ は次式で与えられる．

$$\sigma = \frac{200\,000\,[\text{N}]}{120\,[\text{mm}] \times 20\,[\text{mm}]} = 83\,[\text{N/mm}^2] \fallingdotseq 83\,[\text{MPa}]$$

$$\alpha = \frac{20}{60} \fallingdotseq 0.33$$

補正係数 $F$ は

$$F(0.33) = (1 - 0.025 \times 0.33^2 + 0.06 \times 0.33^4)\sqrt{\frac{1}{\cos\left(\dfrac{\pi \times 0.33}{2}\right)}} \fallingdotseq 1.07$$

となり，応力拡大係数は

$$K_{\text{I}} = 83\,[\text{MPa}] \times \sqrt{\pi \times 0.02\,[\text{m}]} \times 1.07 \fallingdotseq 22.3\,[\text{MPa}\cdot\sqrt{\text{m}}]$$

となる． ◇

## 3.4 き裂先端の塑性域

前節で説明した式 (3.18) を使うことで,き裂の先端近傍での応力状態を把握できることを示したが,$r \to 0$ のき裂先端では,応力は無限大に発散することになる。しかし,実際にはき裂先端近傍では応力が無限に高くなることはなく,材料は降伏し塑性変形を生じる。このため,現実にはき裂先端近傍での応力は降伏応力以上になることはない。式 (3.14) の適用限界はこの**塑性域** (plastic zone) にあり,き裂先端近傍の塑性域寸法が非常に小さい場合には,式 (3.14) が適用可能であるが,塑性域が大きい場合には式 (3.14) で表されるき裂先端近傍の応力状態が実際とは大きく異なる。このためなんらかの補正を加える必要がある。ここでアーウィン (Irwin) とダグデール (Dugdale) による二つの補正手法について説明する。

### 3.4.1 アーウィンの補正

図 *3.9* に示すような平板にき裂を有するモデルを考える。き裂先端を原点とし,き裂に平行に $x$ 軸をとり,$y$ 軸に $x$ 軸上におけるき裂に垂直な方向の応力をとる。き裂先端の塑性域の長さを $r = r_{plas}$ とする。前節よりき裂先端付近におけ $x$ 軸上の応力分布は式 (3.18) において $\theta = 0$ を代入すれば,次式で

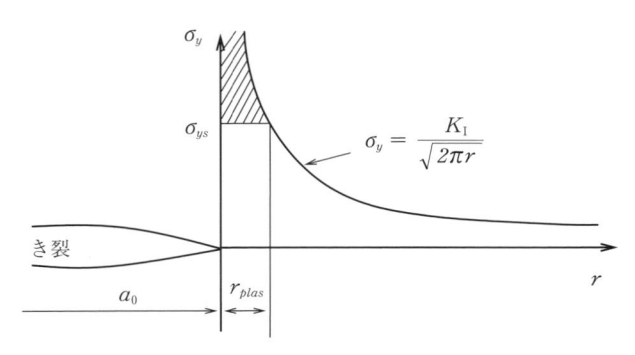

図 *3.9* き裂先端の塑性域(第 1 次近似)

求められる。

$$\sigma_y = \frac{K_\mathrm{I}}{\sqrt{2\pi r}} \tag{3.28}$$

き裂先端近傍の塑性域（$r < r_{plas}$）では，$y$ 方向の応力 $\sigma_y$ は降伏応力 $\sigma_{ys}$ を超えることはないので，一定応力値 $\sigma_{ys}$ となる。このとき，$r_{plas}$ は次式で与えられ，これを**塑性域寸法**（plastic zone size）の第 1 近似値と呼ぶ。

$$r_{plas} = \frac{K_\mathrm{I}^2}{2\pi\sigma_{ys}^2} = \frac{a_0}{2}\left(\frac{\sigma}{\sigma_{ys}}\right)^2 \tag{3.29}$$

しかし，第 1 近似では図 **3.9** のハッチング部分の荷重は単になくなったものと扱っているため，荷重のつりあいはとれていない。アーウィンはこれを解決するために，なくなってしまった荷重（ハッチング部分の荷重）は第 1 近似で求めた塑性域寸法より先の部分で負担されると考え，き裂の寸法に**塑性域寸法補正**（plastic zone correction）を加え塑性域を求めた[4]。具体的には，図 **3.10** に示すようなき裂を考え，き裂長さ $a_0$，き裂寸法の補正量を $\delta$ とすると，補正したき裂長さは $a_{eff} = a_0 + \delta$ となる。このとき，面積 $A + B$ の部分の荷重が面積 $C + D$ に再配分され，降伏応力を超える面積 $A$ の荷重と面積 $D$ のそれが等しくなるように再配分されると考えると面積 $B$ と $C$ は等しくなる。したがって，実際のき裂長さ $a_0$ は補正量 $\delta$ よりも十分に大きいと考えると，降伏応力 $\sigma_{ys}$ は $r = r_p$ より

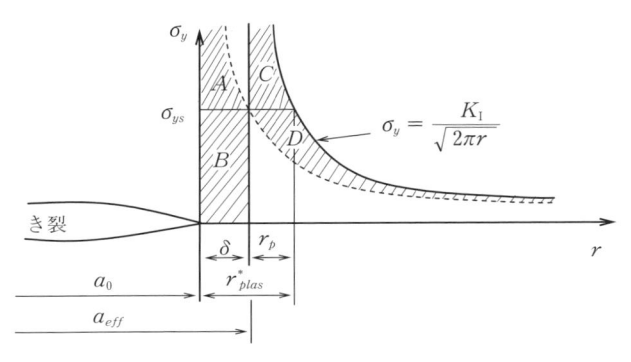

図 **3.10** アーウィンのき裂先端の塑性域（第 2 次近似）

$$\sigma_{ys} = \frac{K_{\mathrm{I}}}{\sqrt{2\pi r_p}} = \frac{\sigma\sqrt{\pi(a_0+\delta)}}{\sqrt{2\pi r_p}} \tag{3.30}$$

となる．また

$$r_p = \frac{(a_0+\delta)}{2}\left(\frac{\sigma}{\sigma_{ys}}\right)^2 \approx r_{plas} \tag{3.31}$$

であるから，$r_p$ は $r_{plas}$ と等しくなる．

面積 $B$ と面積 $C$ は等しいことから，次式が得られる．

$$\delta\sigma_{ys} = \int_0^{r_p}\left(\sigma\sqrt{\frac{a_0+\delta}{2r}}\right)dr - r_p\sigma_{ys} \tag{3.32}$$

$a_0 + \delta \fallingdotseq a_0$ であるから，式 (3.32) から次式が得られる．

$$(\delta + r_p)\sigma_{ys} = \sigma\sqrt{2a_0 r_p} \tag{3.33}$$

ここで式 (3.31) より $r_p \approx r_{plas}$ であるから，式 (3.29) と式 (3.33) を用いて

$$(\delta + r_{plas})^2 = 2a_0\left(\frac{\sigma}{\sigma_{ys}}\right)^2 r_{plas} = 4r_{plas}^2 \tag{3.34}$$

が得られる．

ゆえに $\delta$ はつぎの 2 次式を解くことで得られる．

$$\delta^2 + 2\delta r_{plas} - 3r_{plas}^2 = 0 \tag{3.35}$$

$\delta > 0$ であるから，解は $\delta = r_{plas}$ となり，**図 3.10** に示すアーウィンの補正による塑性域の大きさは次式で示される．

$$r_{plas}^* = \delta + r_p \approx 2r_{plas} \tag{3.36}$$

アーウィンの第 2 近似による塑性域の大きさ $r_{plas}^*$ は第 1 近似の塑性域寸法 $r_{plas}$ の 2 倍であり，補正したき裂長さは $a_{eff} = a_0 + r_{plas}$ となる．この $r_{plas}$ はアーウィンの塑性域補正量と呼ばれ，$a_{eff} = a_0 + r_{plas}$ は**有効き裂長さ** (effective crack length) と呼ばれている．ところで，アーウィンの補正を行った場合の応力拡大係数 $K_{\mathrm{I}eff}$ は式 (3.29) を用いてつぎのように表される．

$$K_{\mathrm{I}} = \sigma\sqrt{\pi\left(a_0 + \frac{K_{\mathrm{I}}^2}{2\pi\sigma_{ys}^2}\right)} \tag{3.37}$$

ここで，式 (3.37) の両辺を 2 乗し $K_{\mathrm{I}}$ について解くとつぎのようになる．

$$K_\mathrm{I} = \frac{\sigma\sqrt{\pi a_0}}{\sqrt{\left\{1 - \frac{1}{2}\left(\frac{\sigma}{\sigma_{ys}}\right)^2\right\}}} \tag{3.38}$$

式 (3.38) で得られた応力拡大係数はアーウィンの有効き裂長さ $a_{eff}$ を用いて計算したものであるからこれを $K_{\mathrm{I}eff}$ とおくと，補正を行わない場合の応力拡大係数 $K_\mathrm{I}$ との関係は次式のようになる。

$$K_{\mathrm{I}eff} = \frac{K_\mathrm{I}}{\sqrt{\left\{1 - \frac{1}{2}\left(\frac{\sigma}{\sigma_{ys}}\right)^2\right\}}} \tag{3.39}$$

式 (3.39) からき裂先端の応力拡大係数 $K_\mathrm{I}$ はアーウィンの補正を行った場合，補正係数 $\eta$ として次式を乗じればよいことがわかる。

$$\eta = \left[\sqrt{\left\{1 - \frac{1}{2}\left(\frac{\sigma}{\sigma_{ys}}\right)^2\right\}}\right]^{-1} \tag{3.40}$$

なお，この補正係数 $\eta$ は材料の降伏応力よりも負荷応力が十分に小さい場合には，ほとんど 1 に近い値をとる。特に $r_{plas}$ が $a_0$ よりも十分に小さい場合は，き裂先端近傍の塑性域外の応力状態は式 (3.18) で近似できる。この状態を**小規模降伏**（small scale yielding）と呼び，この条件が満たされる限り，き裂先端の応力場や塑性域寸法が応力拡大係数 $K$ によって記述可能である。

### *3.4.2* ダグデールの補正

アーウィンのモデルは小規模降伏において適用可能であるが，ダグデールのモデル[5]は小規模降伏のみならず大規模降伏にも使うことができる実用上有用なものである。まず，**図 3.11** ($a$) のように，実際のき裂長さ $2a_0$ に対し，き裂の両側に $2w$ の長さの仮想き裂を仮定する。$w$ の部分は降伏状態にあり降伏応力 $\sigma_y = \sigma_{ys}$ が作用しているが，この応力の方向を逆にき裂が閉じるように作用すると仮定する。

**図 3.11** ($b$) に示すように，き裂中心から $x$ の位置にき裂に垂直な方向に力 $p$ が作用すると考える。このとき，き裂先端の応力拡大係数は，荷重がき裂中心に対して対称にならないため，き裂の両端で異なった値をとる。点

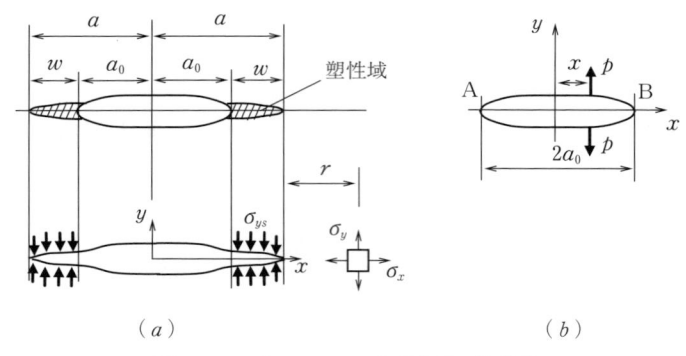

**図 3.11** ダグデールのき裂先端の塑性域

A, B における応力拡大係数をそれぞれ $K_{IA}$, $K_{IB}$ とおくと次式で与えられる[6]。

$$\left.\begin{array}{l} K_{IA} = \dfrac{p}{\sqrt{\pi a_0}}\sqrt{\dfrac{a_0 - x}{a_0 + x}} \quad \text{(点 A)} \\[2mm] K_{IB} = \dfrac{p}{\sqrt{\pi a_0}}\sqrt{\dfrac{a_0 + x}{a_0 - x}} \quad \text{(点 B)} \end{array}\right\} \quad (3.41)$$

$p$ が $x = 0$ を中心として $x = a_0$ から $x = a_0 + w$ まで分布していると考えると，$K$ は

$$K = \int_{a_0}^{a_0 + w}(K_{IA} + K_{IB})dx \quad (3.42)$$

となる。ここで，板厚を 1 とすれば $p = -\sigma_{ys}$ と考えてよく，このときの $K$ を $K_p$ とおくと $K_p$ は式 (3.42) を計算して次式のようになる。

$$K_p = -2\sigma_{ys}\sqrt{\dfrac{a_0 + w}{\pi}}\cos^{-1}\left(\dfrac{a_0}{a_0 + w}\right) \quad (3.43)$$

一方，均一な応力 $\sigma$ による $x = a_0 + w$ での $K$ を $K_\sigma$ とすると次式で与えられる。

$$K_\sigma = \sigma\sqrt{\pi(a_0 + w)} \quad (3.44)$$

ここで，ダグデールの条件 $K_p + K_\sigma = 0$ より，き裂先端での $1/\sqrt{r}$ の特異性を消すことができる。式 (3.43) と式 (3.44) より

$$\sigma\sqrt{\pi(a_0 + w)} - 2\sigma_{ys}\sqrt{\dfrac{a_0 + w}{\pi}}\cos^{-1}\left(\dfrac{a_0}{a_0 + w}\right) = 0$$

となり

$$\cos\left(\frac{\pi\sigma}{2\sigma_{ys}}\right) = \frac{a_0}{a_0 + w} \tag{3.45}$$

が得られる。

式 (3.45) の $a_0 + w$ は，ダグデールの仮想き裂長さである。ここで，式 (3.45) はき裂先端の応力 $\sigma$ が増加して $\sigma_{ys}$ に近づく場合，$a_0/(a_0 + w)$ は 0 に近づくため，塑性域寸法 $w$ は非常に大きくなる。き裂先端の応力 $\sigma$ が $\sigma_{ys}$ よりも十分に小さい場合には，式 (3.45) の両辺を級数展開することにより $w$ が求まる。

$$w = \frac{\pi^2 \sigma^2 a_0}{8\sigma_{ys}^2} = \frac{\pi K_I^2}{8\sigma_{ys}^2} \tag{3.46}$$

なお，この値はアーウィンの塑性域の大きさ $r_{plas}^* = 2r_{plas} = K_I^2/(\pi\sigma_{ys}^2)$ と比較すると 1.23 倍大きい結果を与える[7]。なお，小規模降伏の適用範囲として，塑性域寸法がき裂長さの約 12% を超えると適用できなくなるので注意が必要である[3]。

### 3.4.3 き裂先端の塑性域の形状

前節ではき裂長さ方向の塑性域長さを求めたが，き裂先端近傍において降伏条件を満たした領域を考えることで，塑性域の形状を求めることができる。降伏条件としてはせん断ひずみエネルギー説（ミーゼスの説）や最大せん断応力説（トレスカの説）がよく利用されるが，ここでは代表的なミーゼスの降伏条件を取り上げて考える。主応力 $\sigma_1, \sigma_2, \sigma_3$ を用いると降伏条件式は次式で与えられる。

$$(\sigma_1 - \sigma_2)^2 + (\sigma_2 - \sigma_3)^2 + (\sigma_3 - \sigma_1)^2 = 2\sigma_{ys}^2 \quad (\sigma_1 > \sigma_2 > \sigma_3) \tag{3.47}$$

モード I 型（開口型）のき裂では

$$\left.\begin{array}{l}\sigma_1 = \dfrac{1}{2}(\sigma_x + \sigma_y) + \dfrac{1}{2}\sqrt{(\sigma_x - \sigma_y)^2 + 4\tau_{xy}^2} \\[6pt] \sigma_2 = \dfrac{1}{2}(\sigma_x + \sigma_y) - \dfrac{1}{2}\sqrt{(\sigma_x - \sigma_y)^2 + 4\tau_{xy}^2}\end{array}\right\} \tag{3.48}$$

となり,平面ひずみ状態の場合では

$$\sigma_3 = \nu(\sigma_x + \sigma_y)$$

平面応力状態の場合では

$$\sigma_3 = 0$$

となる。

式 (3.18) と式 (3.48) から主応力を求め,式 (3.47) に代入し,き裂先端近傍の塑性域の境界 $r$ を求めると,次式が得られる。なお,ここで求めた $r$ はアーウィンやダグデールのように塑性域補正を行っていない第 1 近似値 $r_{plas}$ であり,塑性域の形状は最小のものであることに注意する。

平面ひずみ状態の場合では

$$r_{plas} = \frac{K_I^2}{4\pi\sigma_{ys}^2}\left\{\frac{3}{2}\sin^2\theta + (1-2\nu)^2(1+\cos\theta)\right\} \quad (3.49)$$

となり,平面応力状態の場合では

$$r_{plas} = \frac{K_I^2}{4\pi\sigma_{ys}^2}\left(1 + \frac{3}{2}\sin^2\theta + \cos\theta\right) \quad (3.50)$$

となる。

ここで平面ひずみ,平面応力の塑性域寸法を比較するために,両辺を $\{K_I^2/(\pi\sigma_{ys}^2)\}$ で除し,無次元量 $r_{plas}/\{K_I^2/(\pi\sigma_{ys}^2)\}$ で塑性域領域を示すと**図 3.12** のようになる。平面ひずみにおける塑性域領域は平面応力よりも小さくな

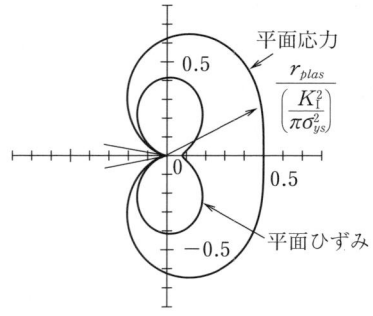

**図 3.12** 平面ひずみ状態および平面応力状態におけるモード I のき裂先端の塑性域領域

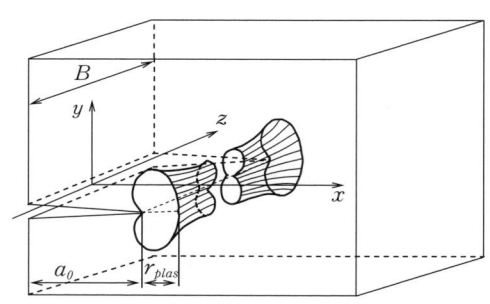

**図 3.13** 厚板内のき裂先端近傍の塑性域

り，さらにき裂方向上において，窪んだ形状になる。

一方，平板にき裂が存在する場合，モードⅠの変形様式では，**図3.13**に示すように板の表面は平面応力状態であり，内部は平面ひずみ状態である。この場合，板厚によって平面応力もしくは平面ひずみのどちらが支配的になるかによって $K_I$ の値も影響を受ける。

実際には板厚 $B$ と塑性域寸法 $r_{plas}$ との比により平面応力状態もしくは平面ひずみ状態かが決定され，平面ひずみ状態は板厚 $B$ が $r_{plas}$ よりも十分に大きいときに成り立ち，逆に $r_{plas}/B$ が 1 に近いとき平面応力状態が支配的になる。なお，塑性域寸法 $r_{plas}$ は，式 (3.29) に示すように，$K_I$ の 2 乗に比例し，$\sigma_{ys}$ の 2 乗に反比例するので，降伏応力が低く，高いじん性をもつ材料は板厚が薄いと平面応力状態になりやすいため厚みのある板を準備する必要がある[6]。

**例題 3.3** 板材（降伏応力 1 500 MPa）に長さ $2a = 8$ mm の貫通き裂のあるき裂に垂直な方向に 400 MPa の引張応力が作用するとき，塑性域寸法（第 1 近似値）を求めよ。

【解答】
$$r_{plas} = \frac{0.004}{2} \times \left(\frac{400}{1\,500}\right)^2 \fallingdotseq 0.14 \times 10^{-3} \text{ [m]} = 0.14 \text{ [mm]} \qquad \diamondsuit$$

## 3.5 エネルギー解放率

グリフィス（Griffith）は材料の破壊に関して，エネルギーの平衡条件に基づく理論を提案し，き裂を有する材料の不安定破壊の限界，すなわち，ぜい性破壊を支配する条件を示した[8]。グリフィスはぜい性破壊が材料中の転位の集積，表面欠陥などから発生したき裂が進展することによって生じると考えた。簡単に説明するために，き裂を有する材料を考える。この材料が引張力を受けると伸びを生じ，材料中には**ひずみエネルギー**（strain energy）が蓄えられ

る。また，材料中に存在するき裂も進展することから，き裂進展とともにき裂面の**表面エネルギー**（surface energy）も増加する。しかしながら，き裂の進展とともに材料全体の剛性が低下するため材料中に蓄えられるひずみエネルギーは低下することになる。グリフィスは新しいき裂表面がつくられることによる表面エネルギーの増分は，き裂進展による材料中のひずみエネルギーの解放分によって与えられるため，ひずみエネルギーの解放分が表面エネルギーの増分よりも大きくなるとき，き裂が連続して進展する，すなわち，**ぜい性破壊**（brittle fracture）を起こすと考えた。この考えに基づく材料の破壊に対するエネルギー論的手法をつぎに述べる。

まず，**図 3.14**(a) のように面積 $A$ のき裂をもつ物体に荷重 $P$ を徐々に加える場合を考え，荷重が $P_0$ になったときの荷重方向の荷重点変位を $u$ とする。線形弾性体を仮定すると荷重と変位の間に次式が成り立つ。

$$P_0 = k(A)u \tag{3.51}$$

比例定数 $k$ はき裂の面積 $A$ の関数で，$A$ が増すと物体が伸びやすくなるので $k$ は小さくなり，次式を満たす。

$$\frac{dk(A)}{dA} < 0 \tag{3.52}$$

最も簡単な場合として，$A_0$ をき裂がないときの物体の断面積とすると $k$ はつぎのように与えることができる。

$$k = k(A_0 - A) \tag{3.53}$$

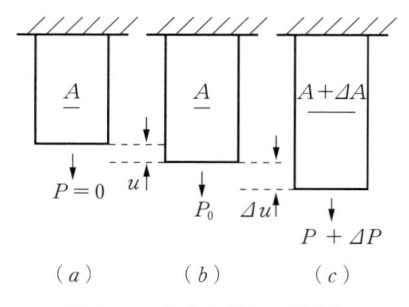

**図 3.14** 負荷を受ける弾性体

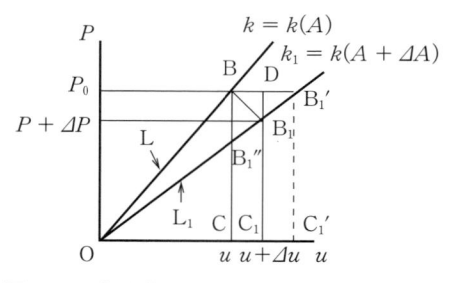

**図 3.15** き裂進展時における荷重－変位の関係

したがって，き裂の面積が $A$ と $A + \Delta A$ ($\Delta A > 0$) のときの $k$ を $k = k(A)$, $k_1 = k(A + \Delta A)$ とすると，それぞれに対する $P$-$u$ 線図は**図 3.15** の直線 L, $L_1$ のようになる。

さて，**図 3.14** ($b$) に示すように $A = \text{const.}$ で物体の変位が $u$ になるまでに荷重 $P$ がなした仕事 $W$ は次式で与えられ

$$W = \int_0^u P(u')du' = \frac{1}{2}k(A)u^2 \tag{3.54}$$

これは弾性体に貯えられるひずみエネルギー $U$ に等しく，図の面積 BOC で与えられる。

$$U = \frac{1}{2}k(A)u^2 = W \qquad (A = \text{const.}) \tag{3.55}$$

式 (3.55) より次式を得る。

$$\frac{\partial U}{\partial u} = k(A)u = P \tag{3.56}$$

さて，**図 3.15** の直線 L 上の点 B を最初の平衡状態として，ここからき裂面積が $\Delta A$ 増加し，これに伴って $P$ と $u$ が $\Delta P$, $\Delta u$ だけ変化して，別の平衡状態 $B_1$（直線 $L_1$ 上）に移る場合を考える。この場合に，まず平衡状態について考えておく。最初に**図 3.14** ($a$) から**図 3.14** ($b$) の状態まで $A = \text{const.}$ で荷重 $P$ と変位 $u$ が増加するとき，その中間状態はすべて平衡状態である。しかし，$P, u$ がある値に達すると，き裂が進展し始めるから，一定の $A$ に対して $P, u$ には限界値がある。**図 3.15** の点 B は直線 L 上におけるこのような限界値とする。このときの荷重を $P_0$ とすると，$P \leqq P_0$ である。この状態からき裂が進展して $A \to A + \Delta A$ になれば $P$-$u$ 関係は直線 $L_1$ に移り，B に対応する新しい平衡状態 $B_1$ が生ずる。

ところで，点 $B_1$ は直線 $L_1$ 上のどの位置にくるかは**図 3.14** における荷重 $P$ の加え方によって決まる。**図 3.16** ($a$) のように重錘によって荷重が加えられているとき，き裂の面積 $A$ が $\Delta A$ 増加し，変位 $u$ が $\Delta u$ だけ増して新しい平衡状態になったとき，荷重 $P$ は $P_0$ から変化しないから $\Delta P = 0$ である。したがって，この場合は**図 3.15** で点 B は点 $B_1'$ にくる。一方，図 ($b$) のよう

66    3. 破壊力学概説

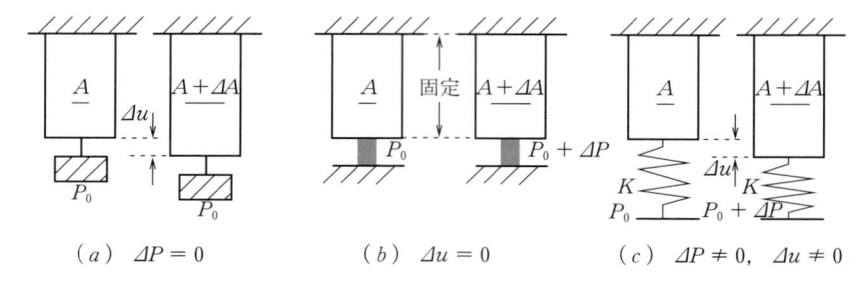

|  (a) $\Delta P = 0$ | (b) $\Delta u = 0$ | (c) $\Delta P \neq 0$, $\Delta u \neq 0$ |

**図 3.16** 弾性体の変形モデル

に物体に変位 $u$ を与えた状態で両端を rigid に固定し，これがき裂面積 $A$ における平衡状態である場合，$A$ が $\Delta A$ 増加し，$P$ が $P_0$ から $\Delta P$ だけ変化して新しい平衡状態になっても，変位 $u$ は一定であるから $\Delta u = 0$ で，新しい平衡点は**図 3.15** の $B_1''$ にくる．上の二つの場合が両極限で，**図 3.15** の一般の点 $B_1$ は直線 $L_1$ 上の $\overline{B_1' B_1''}$ の間にくる．その例を**図 3.16**(c) に示す．この場合はき裂面積が $\Delta A$ 増すとき，$u$ が $\Delta u$ 増加し，$P$ が $P_0$ から $\Delta P$ 変化する（減少する）．ここで**図 3.16**(c) のばね定数 $K$ が大きくなり，$K \to \infty$ とすると，**図 3.16**(b) の場合になり，$K \to 0$（弱くて非常に長いばね）とすると**図 3.16**(a) の場合に近づく．

さて，式 (3.51) から

$$P + \Delta P = k(A + \Delta A)(u + \Delta u)$$

$$\therefore \ k(A + \Delta A) = k(A) + \frac{dk(A)}{dA}\Delta A$$

となり，次式が得られる．

$$\Delta P = \frac{dk(A)}{dA} u \Delta A + k(A) \Delta u \tag{3.57}$$

ここで，平衡状態が B から $B_1$ に移ったときのひずみエネルギー $U$ の変化 $\Delta U$ を求めると

$$\Delta U = \frac{\partial U(u, A)}{\partial u}\Delta u + \frac{\partial U(u, A)}{\partial A}\Delta A$$

となる．さらに，式 (3.56) を使って次式が得られる．

## 3.5 エネルギー解放率

$$\Delta U = P(u, A)\Delta u + \frac{\partial U(u, A)}{\partial A}\Delta A \tag{3.58}$$

この第1項は，B→$B_1$ によってき裂面が $\Delta A$ だけ増加したとき，$\Delta u$ が**図3.15** の $\overline{CC_1}$ で与えられるので，面積 $BCC_1D$ に等しく，これはこの間に $P(=P_0(\text{const.}))$ がなした仕事 $\Delta W$ を与える．

$$\Delta W = 面積\ BCC_1D \tag{3.59}$$

また，式 (3.58) の第2項は $u = \text{const.}$ ($\Delta u = 0$) で $\Delta A$ だけき裂面積が増したときの $U$ の変化であり，これは式 (3.55) から

$$[\Delta U]_{u=\text{const.}} = \frac{\partial U(u, A)}{\partial A}\Delta A = \frac{1}{2}k'(A)u^2\Delta A \tag{3.60}$$

となり，式 (3.52) から $k'(A) = dk(A)/dA < 0$ だから

$$[\Delta U]_{u=\text{const.}} < 0 \tag{3.61}$$

である．一方，**図3.15** において

$$[\Delta U]_{u=\text{const.}} = U(u,\ A + \Delta A) - U(u, A)$$
$$= 面積\ B_1''OC - 面積\ BOC = -面積\ BOB_1'' \tag{3.62}$$

となる．この式 (3.59), (3.62) を使って $\Delta U$ はつぎのように書ける．

$$\Delta U = \Delta W + [\Delta U]_{u=\text{const.}} \tag{3.63}$$

ここで，特に**図3.16**(b) の $\Delta u = 0$ の拘束条件下では，$\Delta W = 0$ で $\Delta U = [\Delta U]_{u=\text{const.}} < 0$ だから，ひずみエネルギー $\Delta U$ は減少する．また，**図3.16**(a) の $\Delta P = 0$ のときは**図3.15**から $\Delta u = \overline{CC_1'}$ で，式 (3.63) の $\Delta W$ は

$$\Delta W = P\Delta u = 面積\ BCC_1'B_1' \qquad (P = P_0)$$

の矩形となる．この $\Delta P = 0$ の場合も $[\Delta U]_{u=\text{const.}}$ は先の式 (3.62) で与えられるから

$$|[\Delta U]_{u=\text{const.}}| = 面積\ BOB_1'' \approx 面積\ BOB_1'$$

とすれば，面積 $BCC_1'B_1' = 2$ 面積 $BOB_1'$ である．したがって

$$\Delta W = -2[\Delta U]_{u=\text{const.}}$$

なることがわかる．よって $\Delta P = 0$ の場合は

$$\Delta U = -2[\Delta U]_{u=\text{const.}} + [\Delta U]_{u=\text{const.}} = -[\Delta U]_{u=\text{const.}} > 0 \tag{3.64}$$

となって，このときはひずみエネルギー $U$ は増加する．このようにひずみエネルギーの変化 $\Delta U$ は正または負の値をとり，それは**図 3.16**$(a)$, $(b)$, $(c)$ のような負荷方式に依存する．特に**図 3.15** で点 $B_1$ が $\overline{B_1''B_1'}$ の中点にくると，面積 $BCC_1D \approx$ 面積 $BOB_1'$ となって $\Delta U \approx 0$ となる．

以上のようにき裂面積 $A$ が $A + \Delta A$ になったとき，式 (3.63) によって物体に外力によるエネルギー $\Delta W$ が与えられる一方で，物体内にすでに蓄えられていたひずみエネルギーが $\Delta U$ だけ変化する．したがって，$\Delta W - \Delta U$ は物体に与えられたけれども，ひずみエネルギーとしては蓄えられないエネルギーであり，これが $\Delta A$ なるき裂面積の増加によって解放された（失われた）エネルギーである．これを $\Delta B$ とすると

$$\Delta B = \Delta W - \Delta U = -[\Delta U]_{u=\text{const.}} \quad (>0) \tag{3.65}$$

となり，この $\Delta B$ がき裂面の生成に使われたことになる．

式 (3.65) よりこの $\Delta B$ は物体の境界条件（負荷条件）によらず $-[\Delta U]_{u=\text{const.}}$ で与えられ，これは**図 3.15** の点 B が決まれば決まる値である点が重要である．特に外力 $P$ がポテンシャル $U^*$ をもつ（重力やばね力で与えられる）ときは

$$P = P(W) = -\frac{dU^*(u)}{du} \tag{3.66}$$

で与えられるので，このときの $U$ と $U^*$ の和を

$$\widetilde{U} = \widetilde{U}(u, A) = U(u, A) + U^*(u) \tag{3.67}$$

と書くと，これが系全体（**図 3.16**$(c)$）でいえば物体とばねを含む系）の**ポテンシャルエネルギー** (potential energy) である．すると，

$$\Delta W - \Delta U = P\Delta u - \Delta U = -\frac{dU^*}{du}\Delta u - \Delta U$$

となり，式 (3.66) から $\Delta U^* = (dU^*/du)\Delta u$ と書けるので

$$\Delta W - \Delta U = -\Delta(U + U^*) = -\Delta\widetilde{U}$$

を得る．したがって

$$\Delta B = -\Delta\widetilde{U} \tag{3.68}$$

である。すなわち $\varDelta A$ が生ずると系のポテンシャルエネルギーが減少し（$\varDelta \widetilde{U} < 0$），その減少量 $-\varDelta \widetilde{U}$ が解放エネルギーにあたる。

さて，式 (3.65) の $\varDelta B$ から

$$g = \lim_{\varDelta A \to 0} \frac{\varDelta B}{\varDelta A} \tag{3.69}$$

で定義される $g$ を**エネルギー解放率**（energy release rate）という。$g$ もき裂が進展し始める状態（**図 3.15** の点 B）のみで決まり境界条件によらない値である。式 (3.67)，(3.68) から

$$g = -\frac{d\widetilde{U}}{dA} = -\frac{\partial U(u, A)}{\partial A} \tag{3.70}$$

となる。さらに式 (3.55) から

$$g = -\frac{1}{2}\frac{dk}{dA}u^2$$

と書けるので，式 (3.51) を使って，次式が得られる。

$$g = -\frac{1}{2}\frac{dk}{dA}\left(\frac{P}{k}\right)^2 = \frac{P^2}{2}\left\{-\left(\frac{k'}{k^2}\right)\right\}$$

ここで $(d/dA)\{1/k(A)\} = -k'/k^2$ だから

$$g = \frac{P^2}{2}\frac{d}{dA}\left\{\frac{1}{k(A)}\right\} \tag{3.71}$$

と書ける。さらに，$\lambda(A) = 1/k(A)$，$u = \lambda(A)P$ なるコンプライアンス $\lambda(A)$ を使って

$$g = \frac{P^2}{2}\frac{d\lambda(A)}{dA} \tag{3.72}$$

と書くこともできる。

つぎに，エネルギー解放率と応力拡大係数との関係について説明する。**図 3.17**(a) は，板厚 $t = 1$ の無限平板中でき裂に対して垂直な方向に引張応力が作用するとき，き裂先端の $x$ 軸上における垂直応力 $\sigma_y$ の分布を示している。また，**図 3.17**(b) は，き裂長さ $a_0$ が $\delta a_0$ だけ進展したときの状態を示している。$y$ 方向の変位 $v$ は $x$ の位置における変位であり，上下にき裂が開口

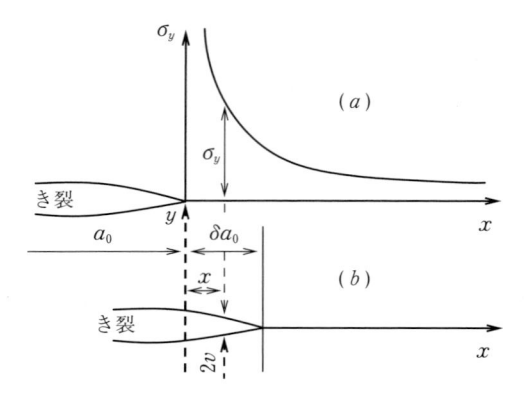

**図 3.17** き裂先端軸上における応力分布とき裂開口変位

しているため開口変位は $2v$ となっている。$\delta a_0$ のき裂進展に伴うひずみエネルギーの解放分 $\delta U$ は，$\delta a_0$ のき裂に作用していた応力 $\sigma_y$ を逆向きにすると，開口したき裂を閉じるのに必要な仕事となる。フックの法則が成り立つとすると次式が得られる。

$$\delta U = 2\int_0^{\delta a_0} \frac{1}{2}\sigma_y v \, dx \tag{3.73}$$

式 (3.18) と式 (3.19) より，$\sigma_y$ と $v$ は次式で与えられる。

$$\sigma_y = \frac{K_\mathrm{I}}{\sqrt{2\pi x}} \tag{3.74}$$

$$v = \frac{K_\mathrm{I}}{2G}(k+1)\sqrt{\frac{\delta a_0 - x}{2\pi}} \tag{3.75}$$

ここで，$k$ は平面応力状態および平面ひずみ状態で決まる定数である。

式 (3.74)，(3.75) を式 (3.73) に代入すると，$\delta a_0$ のき裂進展を伴うひずみエネルギーの解放分 $\delta U$ は次式で与えられる。

$$\delta U = \frac{K_\mathrm{I}^2}{4\pi G}(k+1)\int_0^{\delta a_0} \sqrt{\frac{\delta a_0 - x}{x}}\, dx = \frac{K_\mathrm{I}^2}{8G}(k+1)\delta a_0 \tag{3.76}$$

ここでき裂長さ $a_0$ の増加量 $\delta a_0$ に対するき裂の表面積の増分を $\delta s$ とおくと，板厚は 1 であるから $\delta s = \delta a_0$ となる。単位面積当りのエネルギー解放量を $g$ とすると，エネルギー解放率は次式で表される。

$$g = \frac{\delta U}{\delta s} = \frac{K_{\mathrm{I}}^2}{8G}(k+1) \qquad (3.77)$$

平面応力状態の場合は $k = (3-\nu)/(1+\nu)$ であり

$$g = \frac{K_{\mathrm{I}}^2}{2G(1+\nu)} = \frac{K_{\mathrm{I}}^2}{E} \qquad (3.78)$$

平面ひずみ状態の場合は $k = 3 - 4\nu$ であり

$$g = \frac{(1-\nu)}{2G}K_{\mathrm{I}}^2 = (1-\nu^2)\frac{K_{\mathrm{I}}^2}{E} \qquad (3.79)$$

となる。

以上よりエネルギー解放率は応力拡大係数の2乗に比例することがわかる。なお，モードIIおよびモードIIIの場合もモードIと同様に考えることができ，さらに混合モードの場合は次式のように表される。

平面ひずみ状態の場合は

$$g = \frac{(1-\nu^2)}{E}K_{\mathrm{I}}^2 + \frac{(1-\nu^2)}{E}K_{\mathrm{II}}^2 + \frac{(1+\nu^2)}{E}K_{\mathrm{III}}^2 \qquad (3.80)$$

となる。平面応力状態の場合は

$$g = K_{\mathrm{I}}^2 + K_{\mathrm{II}}^2 + (1+\nu)K_{\mathrm{III}}^2 \qquad (3.81)$$

となる。

---

**例題 3.4** グリフィスはき裂成長の際の表面エネルギー増加の考えから，ぜい性破壊を起こす応力を導き出している。平面応力状態において，単位面積当りの表面エネルギーを $\gamma$ とするとき，式 (3.17)，(3.77)，(3.78) を用いてぜい性破壊を起こすときの応力の最小値を求めよ。

【解答】 き裂成長により表面エネルギーが増加したとすると，き裂面は上下2面であるから $\delta U = 2\gamma \delta s$ で式 (3.77) より

$$g = \frac{\delta U}{\delta s} = 2\gamma$$

となる。式 (3.17)，(3.78) より

$$\sigma = \sqrt{\frac{2\gamma E}{\pi a}}$$

が得られる。　　　　　　　　　　　　　　　　　　　　　　　　　　　　◇

## 3.6 平面ひずみ破壊じん性試験

アルミニウム合金，チタン合金，鋼といった多くの金属材料は降伏応力が高くなると破壊じん性は低くなる傾向がある。また，鋼では低温条件下や高ひずみ速度下でも破壊じん性は低下する。

材料の破壊じん性値を求めるには，き裂先端近傍が平面ひずみ状態が支配的な状態で応力拡大係数の限界値 $K_\text{IC}$ を測定する必要がある。金属材料の平面ひずみ破壊じん性値は従来から，**ASTM**（American Society for Testing and Materials）の規格である ASTM E399-09e1 に基づいて求められている。なお，現在では ISO 規格を翻訳した JIS 規格が金属材料-平面ひずみ破壊じん（靱）性試験方法（JIS G 0564：1999）として規定されている。また，セラミックスに対する破壊じん性試験方法として JIS R 1607：2010（常温）および JIS R 1617（高温）も制定されている．

試験片は，**図 3.18** に示す **3 点曲げ試験片**（single-edge cracked bend specimen）と**コンパクト**（compact tension，**CT**）**試験片**が用いられる。いずれの試験片も切欠部に鋭いき裂が必要であり，機械加工ではき裂先端に曲率の小さいき裂をつくることはできないため通常は疲労き裂を利用する[9]。なお，き裂の導入にあたっては疲労き裂導入の際の $K$ が $K_\text{IC}$ の 60% 以下であることや，き裂の形状が板の中心と表面とでの長さの差が 5% 以下であること，さらには

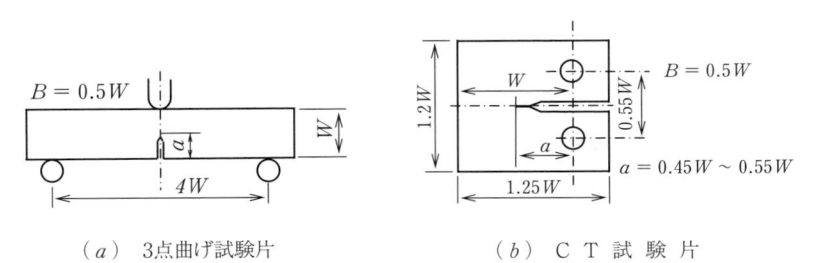

(a) 3点曲げ試験片　　　(b) CT 試験片

**図 3.18** 破壊じん性試験片

## 3.6 平面ひずみ破壊じん性試験

$0.45 \leqq a/W \leqq 0.55$ を満たすことなどいくつかの条件が定められている。

破壊じん性試験では荷重と変位が計測されるが，変位の代わりに，クリップゲージを用いてき裂開口変位が測定されることもある。**図 3.19** は破壊じん性試験で得られる代表的な荷重と変位の関係を示したものである。破壊じん性値の計算には，後述する式 $(3.82)$, $(3.84)$ を使用するが，その際，荷重 $P_Q$ を決定する必要があり，必ずしも荷重の最大値 $P_{\max}$ が $P_Q$ とはかぎらない。$P_Q$ の判定には荷重–変位曲線における初期勾配の 95% の勾配をもつ直線（5% オフセット線）を用いて判定される。まず，タイプ A は荷重の低下がなく初期勾配 5% オフセット線と交差後に最大荷重 $P_{\max}$ をとるもので，この場合は最大荷重 $P_{\max}$ に至るまでにすでにき裂が進展しているとみなし，5% オフセット線と実験の曲線との交点の荷重を $P_Q$ とする。タイプ B は，実験で得た曲線が 5% オフセット線と交差する前に荷重低下を起こし，再び荷重増加に転じた後，最大荷重をとるものである。これは**ポップイン**と呼ばれ，この場合は，荷重低下時にき裂の進展があったとみなし，荷重低下直前の荷重を $P_Q$ とする。タイプ C については，実験の曲線が 5% オフセット線と交差する前に最大荷重をとるもので，この場合は最大荷重点 $P_{\max}$ を $P_Q$ とする。

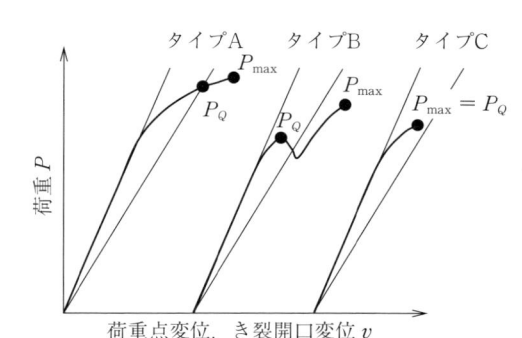

**図 3.19** 破壊じん性試験における代表的な荷重と変位の関係

**図 3.18** に示す試験片を用いた場合の $K_\mathrm{I}$ の計算式を以下に示す。

3 点曲げ試験片の場合

$$K_\mathrm{I} = \frac{P_Q S}{B\sqrt{W}} F(\alpha), \qquad \alpha = \frac{a}{W} \tag{3.82}$$

$$F(\alpha) = \frac{3\alpha^{1/2}}{2(1+2\alpha)(1-\alpha)^{3/2}}\{1.99 - \alpha(1-\alpha)(2.15 - 3.93\alpha + 2.7\alpha^2)\}$$

$$(3.83)$$

CT 試験片の場合

$$K_{\rm I} = \frac{P_Q}{B\sqrt{W}}F(\alpha), \quad \alpha = \frac{a}{W} \quad (3.84)$$

$$F(\alpha) = \frac{2+\alpha}{(1-\alpha)^{3/2}}(0.886 + 4.64\alpha - 13.32\alpha^2 + 14.72\alpha^3 - 5.6\alpha^4)$$

$$(3.85)$$

また，実験で得られた $K_Q$ を $K_{\rm IC}$ とするために，き裂先端の塑性域寸法に対してき裂長さと試験片が十分大きいかどうか，次式により板厚寸法 $B$ の妥当性を確認しなければならない．次式は $B$ を $a$ もしくは $W-a$ に置換えすることにより，き裂長さ $a$ やリガメント幅 $W-a$ についても適用できる．

$$B, a, W - a \geqq 2.5\left(\frac{K_{\rm IC}}{\sigma_{ys}}\right)^2 \quad (3.86)$$

なお，破壊じん性値は材料の結晶粒径や配向によって影響を受ける場合があるため，圧延，押出し，引抜き材を取り扱う場合には幅・板厚・長さ方向に注意し，これらをそろえた試験片を準備する必要がある．

---

**例題 3.5** き裂長さ $a = 20\,{\rm mm}$，板幅 $W = 46\,{\rm mm}$，厚さ $B = 23\,{\rm mm}$ の CT 試験片を引っ張ったところ，12 kN で破壊した．この材料の破壊じん性値と破壊時のき裂先端における塑性域の大きさを求めよ．ただし，降伏応力 $\sigma_{ys}$ は 1 000 MPa とする．

---

**【解答】** CT 試験片の補正係数は式 (3.84) より

$$\alpha = \frac{20}{46} \fallingdotseq 0.43$$

$$F(\alpha) = \frac{2+0.43}{(1-0.43)^{3/2}}(0.886 + 4.64 \times 0.43 - 13.32 \times 0.43^2$$
$$+ 14.72 \times 0.43^3 - 5.6 \times 0.43^4)$$
$$\fallingdotseq 7.89$$

$$K_{\mathrm{IC}} = \frac{12\,000}{0.023\sqrt{0.046}} \times 7.89 \fallingdotseq 19.2 \ [\mathrm{MPa}\cdot\sqrt{\mathrm{m}}]$$

式 (3.29) と式 (3.36) より

$$r^*_{plas} = 2r_{plas} = \frac{K_{\mathrm{I}}^2}{\pi \sigma_{ys}^2} = \frac{19.2^2}{\pi \times 1\,000^2} = 0.117 \ [\mathrm{mm}] \qquad \diamondsuit$$

# 演 習 問 題

【1】 長さ $a = 40\,\mathrm{mm}$ の貫通き裂が板材（長さ $200\,\mathrm{mm}$, 幅 $W = 120\,\mathrm{mm}$, 厚さ $20\,\mathrm{mm}$）の板幅端部に幅方向に平行に入っている。長さ方向に $200\,\mathrm{kN}$ の引張力を加えたときの応力拡大係数を求めよ。なお，補正係数 $F$ は次式を用いよ。

$$F(\alpha) = \sqrt{\frac{2}{\pi\alpha}\tan\frac{\pi\alpha}{2}} \ \frac{0.752 + 2.02\alpha + 0.37\left(1 - \sin\frac{\pi\alpha}{2}\right)^3}{\cos\frac{\pi\alpha}{2}} \qquad \left(\alpha = \frac{a}{W}\right)$$

【2】 長さ $2a = 40\,\mathrm{mm}$ の貫通き裂が板材（長さ $200\,\mathrm{mm}$, 幅 $2W = 120\,\mathrm{mm}$, 厚さ $20\,\mathrm{mm}$）の板幅中央部に幅方向に $30°$ の角度で入っている。長さ方向に $200\,\mathrm{kN}$ の引張力を加えたとき，次式を用いて応力拡大係数 $K_{\mathrm{I}}$ と $K_{\mathrm{II}}$ を求めよ。ただし，$\beta$ は引張方向（板材の長さ方向）とき裂のなす角である。

$K_{\mathrm{I}} = \sigma\sqrt{\pi a}\,\sin^2\beta$
$K_{\mathrm{II}} = \sigma\sqrt{\pi a}\,\sin\beta\cos\beta$

【3】 CT試験片（板幅 $W = 50\,\mathrm{mm}$, 厚さ $B = 25\,\mathrm{mm}$, き裂長さ $a = 24\,\mathrm{mm}$）を用いて，ある材料（降伏応力 $\sigma_{ys} = 1\,100\,\mathrm{MPa}$）の破壊じん性試験を行ったところ，破壊じん性値 $K_{\mathrm{IC}}$ は $26\,\mathrm{MPa}\cdot\sqrt{\mathrm{m}}$ であった。この破壊じん性値は平面ひずみ破壊じん性値としてよいか確認せよ。

【4】 き裂先端の塑性域の形状に関して，**3.4.3**項ではミーゼスの説を用いたが，トレスカの説ではどのようになるか式を導け。

# 4

# 疲 労 強 度

　この章では，「疲労」に関する専門知識を習得するにあたり，「疲労」が工業社会で重要視されるようになった歴史的背景や，有名な疲労による事故例の紹介，および疲労の発生メカニズム，疲労試験方法とS-N線図の求め方，疲労限度の推定方法など，「疲労」に関する基礎知識をわかりやすく説明する[1]。

## *4.1* 疲労に関する研究の歴史[1]

　今日では「疲労」は工業社会で広く認識され重要視されているが，「疲労」現象が発見され研究されるようになったのは，170年程度前のことである。以下では，初期の疲労に関する研究を概説する。

### *4.1.1* J. Albert の仕事
　18世紀にイギリスで始まった産業革命は，その後100年程度の間にヨーロッパ各国へ広がり，それまでの動力源であった水や馬が蒸気機関に代わる。そのため，それまではパワーの小さな動力源を用いていたために顕在化しなかった「疲労」現象が，顕在化し始める。ドイツの鉱山技師であったJ. Albertは，鉱山の巻上げ機に使用していた鉄製の鎖が，時折突然破断することを経験し，その原因を調査した。その結果，巻上げ機に鎖が繰返し巻き付けられたことが原因ではないかと考え，鎖用疲労試験機を考案し，この試験機を用いた実験を行うことで，『鎖は静的な破断力より小さい力でも，それを繰り返し作用させ

ることで突然破断する』ことを見出した。当時はまだ「疲労（fatigue）[†]」という言葉は用いられていないが，疲労の本質を見出した最初の研究である。

### 4.1.2 J. Wöhler の仕事

イギリスには少し遅れるが，1835年にはドイツでも鉄道が開業し急速に広まるが，車軸の破損事故を経験することとなる。鉄道技師であった J. Wöhler は図 4.1 に示すような実体車軸曲げ疲労試験機を考案し種々の実験を通じて，以下のことを見出した。

① 静的な降伏応力以下の応力であっても繰り返し作用すると破断が生じる。
② 繰返し応力が大きいほど破断繰返し数は小さい。
③ ある応力以下では破断は生じない。

など，今日の疲労設計の基礎が Wöhler によって築かれたといっても過言ではない。

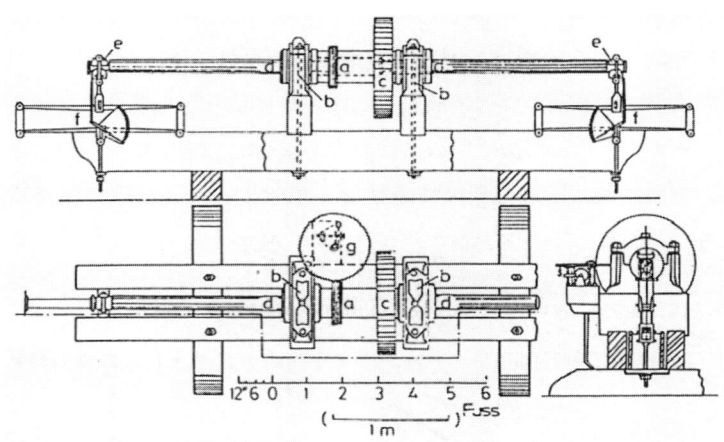

a：試験機本体軸　　b：軸　受　　c：ベルト車　　d：試験軸（a に圧入）
e：軸　受　　　　　f：板バネ　　g：荷重計

**図 4.1** J. Wöhler が考案した実体車軸曲げ疲労試験機[1)]

---

[†] Fatigue は，その綴りから「ファティギュー」と発音したくなるが，「ファティーグ」と発音する。

## 78　4. 疲労強度

なお，その後も多くの研究者によって疲労の研究が行われるが，始めて「疲労（fatigue）」という言葉を用いたのは，フランスの J.V. Poncelet である。また，当時は疲労で破断するまでの間，材料内部でなにが生じているのかは不明であったが，その後の金属顕微鏡の発展や電子顕微鏡の発明により，金属学的検証も行われるようになる。

## 4.2　歴史的に有名な疲労事故の例

前節のように，産業革命以降，機械・構造物の疲労破壊が多発するようになるに伴い社会的な認識も高まり疲労の研究も行われ始めるが，科学技術の発展に伴う機械・構造物の大型化に伴い，疲労破壊による大規模な事故も起こるようになる。以下では歴史的に有名ないくつかの事故例を紹介する。

### 4.2.1　コメット機の墜落事故

第二次世界大戦後，イギリスが開発したコメット（Comet）機は世界初のジェット旅客機として 1952 年 5 月から定期旅客便として運行を始めた。しかし，その後の 2 年間に 3 回の墜落事故を起こす。事の重大さを受けて当時のイギリス・チャーチル首相は事故原因の徹底調査を厳命し，墜落原因が明らかになっていく。その結果，墜落の原因は**図 4.2** に示すように，自動方向探知装置用に設けられた天窓の隅の応力集中部から発生・成長した疲労き裂であることが

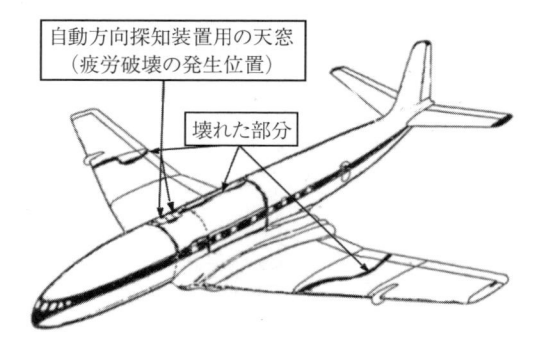

図 **4.2**　墜落したコメット機の破損状態模式図

わかった．王立航空研究所でも再現実験が行われたが，やはり，窓隅の応力集中部から疲労き裂が発生することが確認された．

### 4.2.2 日本航空 B747SR 型機の墜落事故

1985 年 8 月 12 日，お盆の帰省時期でもあり，ほぼ満席状態で羽田空港を離陸した大阪・伊丹空港行き日本航空 123 便が，離陸後約 10 分経過した伊豆半島沖上空で機体に異常が発生し，機体は方向制御不能状態に陥ったまま約 30 分間飛行を続けた後，群馬県の御巣鷹山（正確には高天原山）山腹に墜落する．死者は 520 名で史上最悪の航空機事故となったが，奇跡的に 4 名が助かった．当時の運輸省事故調査委員会は，墜落現場から破損・飛散した部品を回収し事故原因を調べた結果，機体後部に設けられている「圧力隔壁」が疲労破壊したことが直接の原因であることがわかった．通常，「圧力隔壁」は疲労破壊しないように設計されているが，この事故機は，墜落の 7 年前に伊丹空港で着陸の際「しりもち」事故を起こしていた．その際，「圧力隔壁」も損傷し，ボーイング社が修理をしたが，その修理が適切でなかったため，修理箇所から疲労き裂が発生していたこともわかった．

### 4.2.3 アロハ航空 B737 型機の事故

1988 年 4 月 28 日，ハワイのヒロ空港からワイキキ空港へ向かっていたアロハ航空 243 便が，飛行中に客室上部が剥がれ飛ぶという事故を起こした．幸い，死者は機体外へ放り出された客室乗務員 1 名だけであり，同機は機体上部を失いながら緊急着陸した．**図 4.3** は着陸後の写真である．

この時代のジェット旅客機には「**損傷許容設計**（damage tolerance design）」が採用されていた[2]．ここで損傷許容設計とは，疲労き裂などの損傷が構造物の危険部位に存在することを許容し，定期点検を徹底的に行うことで当該疲労き裂が構造物の運行に危険となる寸法にまで成長しないことを保証する設計法である．しかしアロハ航空の墜落機の場合は，**図 4.4** に示すように，損傷許容設計的には安全と考えられるき裂が単一の窓からではなく複数の窓から発生

**図 4.3** 緊急着陸直後のアロハ航空 243 便

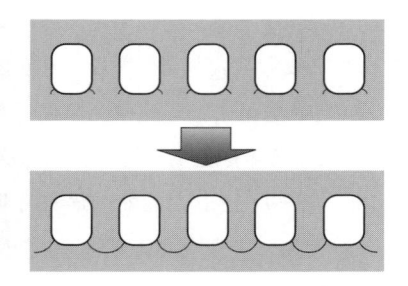

**図 4.4** アロハ航空機破損の模式図（マルチサイトクラック）

し，ある時期にすべてのき裂が合体することで事故が発生した．当時の損傷許容設計ではこのような現象はまったく想定されておらず，その後，**マルチサイトクラック**（multi site crack）として広く認識されるようになった．

### 4.2.4　ドイツ新幹線 ICE の脱線事故

1998 年 6 月 3 日，ドイツの ICE（Inter City Express）が 200 km/h で走行中脱線し，101 名が死亡した．脱線の原因は，ICE で用いられていた弾性車輪（図 4.5）の外輪（鉄製タイヤ部分）の疲労破壊であった．外輪が破損したまま走行し続けたために外輪に巻き込まれたレールが車体を破損，その後脱線し，事故の規模が拡大した．

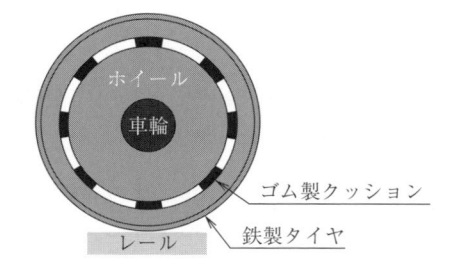

**図 4.5** 弾性車輪の模式図

日本においては，少なくとも高速で走行する鉄道車両に対して弾性車輪は用いられていない．したがって日本の新幹線では ICE のような外輪の疲労破壊による事故は起こらない．しかし，日本の新幹線も開業当初は多くの初期故障

が起こっており，その中で高速走行中に車軸が疲労破壊するという事故もあり，関係者を震撼させた．紙面の都合で記述は割愛するが，詳細は巻末の引用・参考文献 3),4) を参照してほしい．

## 4.3 疲労の基礎

疲労現象は
・どのような条件の下で生じるか？
・材料の中でなにが起こっているか？
・疲労現象を調べるにはどのようにするか？
について以下で簡潔に説明する．

### 4.3.1 疲労が生じる条件

図 **4.6** は，疲労が生じる場合の材料に作用する応力と時間（= 繰返し数）の典型的パターンである．図のように，疲労が生じるためには，応力が周期的に増減する必要がある．この図での応力変動パターンは正弦関数で表されているが，疲労の起こりやすさは，この関数の種類や繰返しの速度（= 周波数）には基本的には依存しない．この点を踏まえて，前節で紹介した疲労事故がなぜ起こったかを考えると，以下のことがわかる．

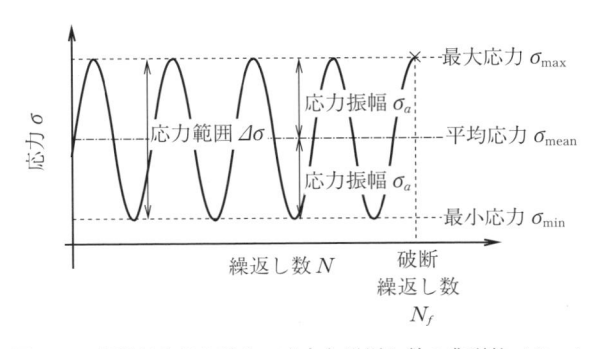

図 **4.6** 疲労が生じる場合の応力と繰返し数の典型的パターン

82　4. 疲労強度

**（1）ジェット旅客機の疲労事故**　ジェット旅客機の客室は，高々度で飛行中も乗客が酸素マスクなしで呼吸できるように飛行中は0.7気圧程度に予圧されている。そのため，地上に駐機しているときと高々度を飛行しているときの間で機体の胴体部（含・圧力隔壁）は膨張・収縮を繰り返すことになり，それに伴い機体胴体部には**図4.7**に模式的に示すような繰返し応力が作用することになり，この繰返し応力によって疲労が生じる。

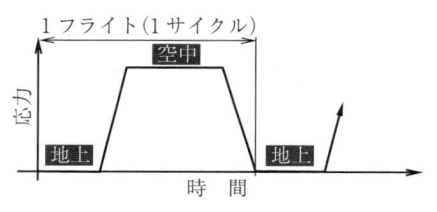

**図4.7**　離着陸に伴い機体胴体部に発生する応力の模式図

**図4.8**　鉄道車両の車軸に作用する応力

**（2）鉄道車両の疲労事故**　鉄道車両の場合，疲労破壊の危険性が最も大きい部位は車軸である。車軸は，台車を通じて車両の重量を受けながら回転するために，車軸の表面には周期的に引張応力と圧縮応力が繰り返され，この繰返し応力によって疲労が生じる。**図4.8**は，実際の鉄道車軸で計測された応力の模式図である。

---

**例題4.1**　材料力学で学ぶ「内圧を受ける薄肉円筒」の知識を用いると，与圧されたジェット旅客機の胴体に発生する応力が計算できる。
　・地上では胴体の外側と内側の圧力は，ともに1.0気圧
　・高度10 000 mの上空では，胴体の外側は0.25気圧，内側は0.70気圧
と仮定して，ジェット旅客機が離着陸する間に胴体に作用する応力の最大値を求めよ。ジェット旅客機の胴体は半径2.5 m，肉厚1 mmの薄肉円筒とみなすこと。また，1気圧は0.1 MPaとすること。

---

【解答】「内圧を受ける薄肉円筒」では，円筒の半径を$R$，円筒の肉厚を$h$，内圧

## 4.3 疲労の基礎

を $p$ とおくと，以下の2種類の応力が計算できる。

・円筒の周囲が伸びる方向の応力：$\sigma_\theta = \dfrac{pR}{h}$

・円筒の長さ方向の応力　　　　：$\sigma_z = \dfrac{pR}{2h}$

式の形から，前者は後者の2倍になるので，大きいほうの $\sigma_\theta$ だけを考える。

円筒には，ジェット機が地上にいるときは内外圧差 0 MPa が，高度 10 000 m の上空を飛行中は内外圧差 0.045 MPa がそれぞれ内圧 $p$ として作用する。単位を m に統一して所定の値を代入すればよい。

・地上：$\sigma_\theta = 0$ MPa

・上空：$\sigma_\theta = \dfrac{pR}{h} = \dfrac{0.045 \times 2.5}{1.0 \times 10^{-3}} = 112.5$ 〔MPa〕

離着陸によって上記の応力が繰り返されるが，題意より求めるのは応力の最大値であるから，答は 112.5 MPa となる。　　◇

---

**例題 4.2**　材料力学で学ぶ「はりの曲げ応力」の知識を用いると，車軸に作用する応力が計算できる。以下の問に答えよ。

(1)　鉄道や自動車などの車軸は，曲げモーメント $M$ を受けながら回転する。車軸が1回転する間に車軸の表面には，どのような曲げ応力が作用するかを考え，車軸が疲労を起こす可能性があることを説明せよ。

(2)　新幹線の車輪の直径を 900 mm とした場合，新幹線が東京-新大阪間を1往復（往復距離を 1 000 km とする）した場合，新幹線の車軸には応力が何サイクル負荷されるかを求めよ。

---

**【解答】**

(1)　車軸は図 4.9 (a) のように曲がりながら回転する。例えば，車軸の直径 $d$ を 10 mm，曲げモーメント $M$ の大きさを 10 N・m として，車軸が1回転する間の曲げ応力の変化を計算すると以下のようになる。車軸が1回転する間の図 (b) の位置における車軸表面の曲げ応力の値は，丸棒の断面2次モーメント $I$，断面係数 $Z$，および丸棒の直径 $d$ を用いると，$I$ と $Z$ はそれぞれ

$$I = \frac{\pi d^4}{64} = \frac{\pi (1.0 \times 10^{-2})^4}{64} = 4.91 \times 10^{-10} \ [\text{m}^4]$$

$$Z = \frac{\pi d^3}{32} = \frac{\pi (1.0 \times 10^{-2})^3}{64} = 9.81 \times 10^{-8} \ [\text{m}^3]$$

84    4. 疲 労 強 度

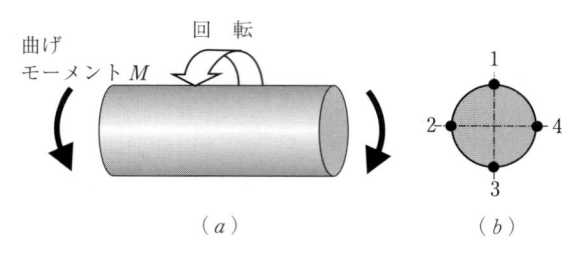

**図 4.9** 回転しながら曲がる車軸

と表される。よって、図 ($b$) の位置 1～4 における曲げ応力は

$$1: \sigma = \frac{M}{I} \times \frac{d}{2} = \frac{10 \, [\text{N} \cdot \text{m}]}{4.91 \times 10^{-10} \, [\text{m}^4]} \times (5.0 \times 10^{-3} \, [\text{m}])$$
$$= 1.02 \times 10^8 \, [\text{Pa}] = 102 \, [\text{MPa}]$$

$$2: \sigma = \frac{M}{I} \times 0 = \frac{10 \, [\text{N} \cdot \text{m}]}{4.91 \times 10^{-10} \, [\text{m}^4]} \times 0 = 0 \, [\text{MPa}]$$

$$3: \sigma = \frac{M}{I} \times \left(-\frac{d}{2}\right) = \frac{10 \, [\text{N} \cdot \text{m}]}{4.91 \times 10^{-10} \, [\text{m}^4]} \times (-5.0 \times 10^{-3} \, [\text{m}])$$
$$= -1.02 \times 10^8 \, [\text{Pa}] = -102 \, [\text{MPa}]$$

$$4: \sigma = \frac{M}{I} \times 0 = \frac{10 \, [\text{N} \cdot \text{m}]}{4.91 \times 10^{-10} \, [\text{m}^4]} \times 0 = 0 \, [\text{MPa}]$$

のように、応力は車軸が1回転する間に大きさが周期的に変化するので、車軸は疲労で破壊する可能性がある。

（2）車輪の直径が 900 mm（= 0.9 m）であるから、車輪が1回転すると新幹線の車両は $0.9 \, \text{m} \times \pi ≒ 2.827 \, \text{m}$ だけ進む。題意より、東京-新大阪往復距離が 1 000 km（= 1 000 000 m）であるから、1 000 km 走行するときの車軸の回転回数は、$1\,000\,000 \, \text{m} \div 2.827 \, \text{m} ≒ 3.537 \times 10^5$ 回となる。　◇

上記のような疲労現象は、日常生活でも無意識に利用されている。例えば、針金を切りたい場合、手近にニッパやペンチがあるとそれらを用いて切断するが、そのような工具がない場合は、針金を繰り返し折り曲げて切断する。針金の折曲げ角度を変化させて折れるまでの折曲げ回数を調べた結果を**図 4.10**～**図 4.12** に示す。

**図 4.10** は、縦軸に針金の折曲げ角度を度 [°] 単位で、横軸に針金が折れるまでの折曲げ回数をそれぞれ普通目盛でグラフ表示した結果である。針金の折曲げ角度が大きいほど少ない折曲げ回数で折れ、折曲げ角度が小さくなるほど

4.3 疲労の基礎    85

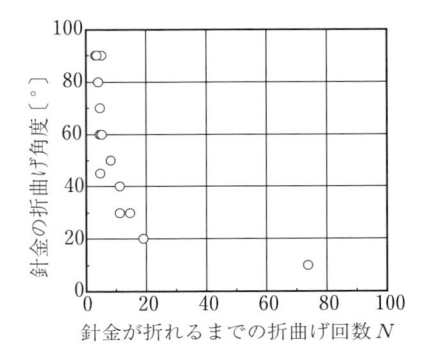

**図4.10** 針金の折曲げ角度と折れるまでの繰返し数の関係（縦軸・横軸とも普通目盛）

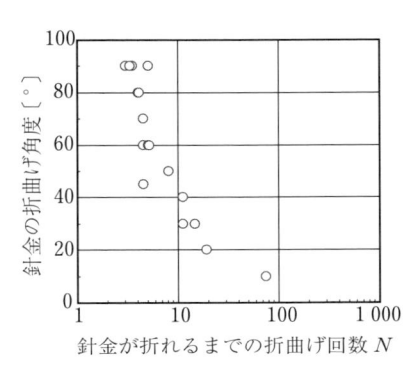

**図4.11** 針金の折曲げ角度と折れるまでの繰返し数の関係（縦軸普通目盛，横軸対数目盛）

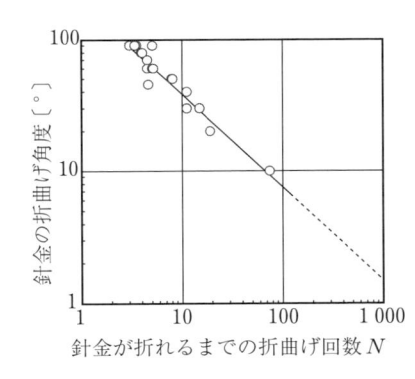

**図4.12** 針金の折曲げ角度と折れるまでの繰返し数の関係（縦軸・横軸とも対数目盛）

折れるまでに多くの折曲げ回数を要することがわかるが，縦軸・横軸とも普通目盛のグラフでは，プロットは下に凸に並ぶため，縦軸の値が小さくなったときの横軸の値を求めることが難しくなる。**図4.11**は**図4.10**に示したものと同じデータを縦軸普通目盛・横軸対数目盛のグラフに描画し直したグラフである。先と同様，プロットは下に凸に並ぶため，縦軸の値が小さくなったときの横軸の値を求めることが難しくなる。

　**図4.12**は，縦軸・横軸をともに対数で表示した場合である。プロットは右下がりの直線上に分布することがわかり，このように両対数グラフで実験データを整理することにより，図中の実線と破線のようにデータの直線近似が可能

になり，縦軸の値が小さくなったときの横軸の値を求めることが容易になる。ここで示した実験の場合，針金を繰り返し塑性変形させているため100回以下の少ない繰返し数で疲労破壊するが，**図4.12**から，縦軸の値を減少させていくと横軸の繰返し数は増加することがわかる。このように，塑性変形を与えて比較的少ない繰返し数（～$10^5$サイクル程度）で壊れる疲労現象を**低サイクル疲労**（low-cycle fatigue），弾性変形範囲内の比較的小さい応力を与えて多数の繰返し数（$10^5$サイクル程度以上）で壊れる疲労現象を**高サイクル疲労**（high-cycle fatigue）と呼ぶ。高サイクル疲労では，通常は$10^7$サイクルまでの疲労を調べればよいが，最近では$10^9$サイクル程度まで調べる必要性も指摘されており，それらは**超高サイクル疲労**（very high cycle fatigue）や**ギガサイクル疲労**（giga-cycle fatigue）などと呼ばれている。

なお，この章では高サイクル疲労だけを取り上げる。高サイクル疲労においては疲労を生じさせる力学パラメータは**図4.6**における**応力振幅**（stress amplitude）$\sigma_a$ である。副次的パラメータとしては**平均応力**（mean stress）$\sigma_{\mathrm{mean}}$（$\sigma_m$と表す場合もある）や**応力比**（stress ratio）$R(=\sigma_{\min}/\sigma_{\max})$がある。

### 4.3.2 材料中でなにが生じているか

**図4.13**($a$)～($d$)は，前述の針金の繰返し折曲げにおいて針金が疲労で破断するまでの間の針金表面の変化の様子である。繰返し曲げの回数が少ない間は針金表面には一見なんの変化も見られない（図($b$)）が，繰返し回数が増えると針金表面が白濁するとともにき裂が発生し（図($c$)），そのき裂が成長していくことがわかる（図($d$)）。

ここで，針金表面が白濁していく過程を微視的に観察した結果を模式的に表すと**図4.14**($a$), ($b$)のようになる。塑性変形が生じる場合，図($a$)のようにすべり面に沿ったすべりが形成されるが，応力が繰り返されることにより，図($b$)のようにすべりに微視的な凹凸が生じる。この凹凸を**入込み**（いりこみ，intrusion），**突出し**（つきだし，extrusion）と呼び，入込み部で生じ

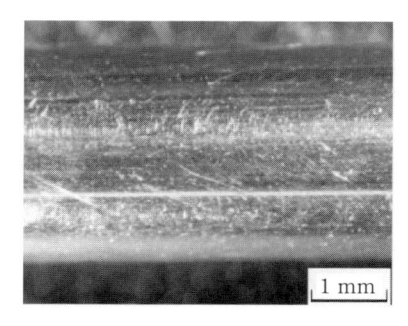

(a) 実験開始前   (b) 20回折曲げ後

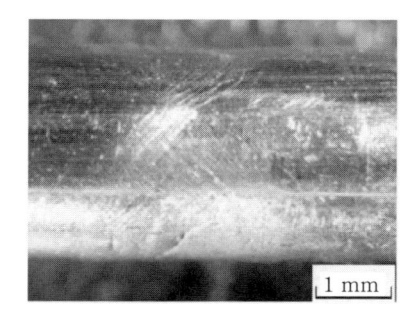

(c) 40回折曲げ後   (d) 70回折曲げ後

**図4.13** 針金が疲労破壊するまでの針金表面の様子（折曲げ角度：10°，破断繰返し数：79回の例）

る応力集中のためにより疲労が促進され，やがて疲労き裂へと変化し，き裂が成長を続けることで疲労破壊をもたらす．疲労き裂については次節で詳しく述べる．

なお，疲労き裂は応力の繰返しとともに少しずつ成長するが，その痕跡は破断した部材の断面に残る．**図4.15**は破断した針金の断面（破面）写真であるが，木の年輪のような縞模様が観察される．高サイクル疲労においては1回の応力繰返しによるき裂成長量もごくわずかとなり電子顕微鏡などを用いなければ観察（**図4.16**）できなくなるが，この縞模様を**ストライエーション**（striation）と呼び，疲労による破損事故が起こった場合の事故原因解析の際に疲労が生じた証拠となる．このような破断した面を解析することを破面解析または

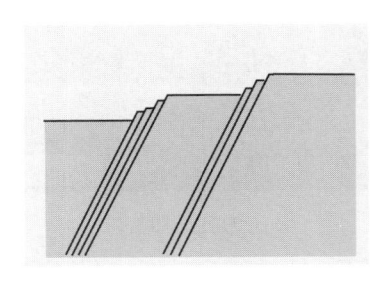

88    4. 疲 労 強 度

(a) 静的な応力を負荷した場合 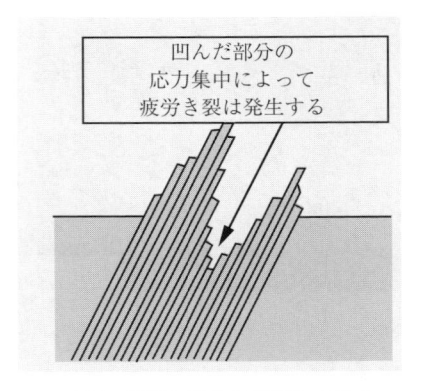　　　(b) 繰返し応力を負荷した場合

凹んだ部分の応力集中によって疲労き裂は発生する

図 4.14　材料表面の微視的塑性変形の模式図

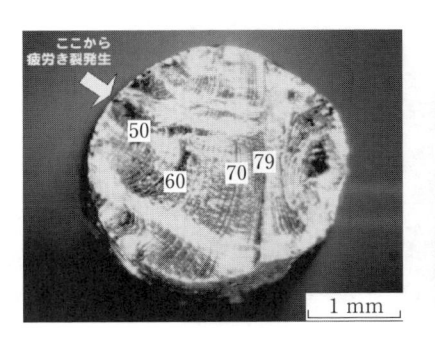

図 4.15　疲労で破壊した針金の破面写真（写真中の数値は，縞の本数から推定できる折曲げ回数）

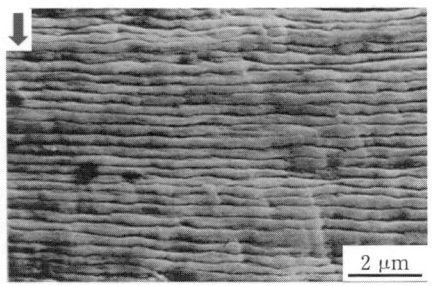

図 4.16　ステンレス鋼破面のストライエーションの例[5]（写真左上の矢印は，疲労き裂の成長方向）

フラクトグラフィ（fractography）と呼ぶが，詳細については文献 6) を参照してほしい。

### 4.3.3　疲労現象を調べる方法

〔1〕 **疲労試験方法**　　図 4.6 に示した応力を試験片に負荷するための専用の疲労試験機を用いて実験を行う。応力には垂直応力 $\sigma$ とせん断応力 $\tau$ があるが，一般的には垂直応力 $\sigma$ を繰返し負荷する場合が多く，試験片を引っ張

ったり圧縮したりする場合と，曲げながら回転させる場合があり，前者では電気油圧サーボ疲労試験機などを，後者では回転曲げ疲労試験機を用いる。疲労試験結果は，図 **4.6** 中の応力振幅を縦軸に，疲労で破断するまでの繰返し数を横軸にとったグラフに表示し，このグラフを **S-N 線図**（S-N diagram）または **S-N 曲線**（S-N curve）と呼ぶ。高サイクル疲労やギガサイクル疲労の場合の S-N 線図は，横軸は必ず対数にするが，縦軸は対数目盛でも普通目盛でもどちらでもよい。

代表的な工業用金属材料の S-N 特性の例を以下に示す。

**1) 鉄鋼材料の場合** 工業製品用金属材料として最も多く用いられているのは鉄鋼材料である。鉄鋼は，重く（密度約 $7.8\,\mathrm{Mg/m^3}$）錆びやすい（ステンレス鋼を除く）が，加工が比較的容易で価格も安いために多用されている。

鉄鋼材料の場合の S-N 線図は図 **4.17** のように，応力振幅 $\sigma_a$ の減少とともに破断繰返し数が増加し，実験結果を S-N 線図上で右下がりの直線近似できる領域（**傾斜部**または，**時間強度領域**という）と，ある限界の応力振幅 $\sigma_a$ 以下で疲労破壊しなくなるため水平な直線で表す領域に区別できるため，S-N 線図は 2 本の直線で表示することができる。2 本の直線の折れ曲がり点は $10^6$

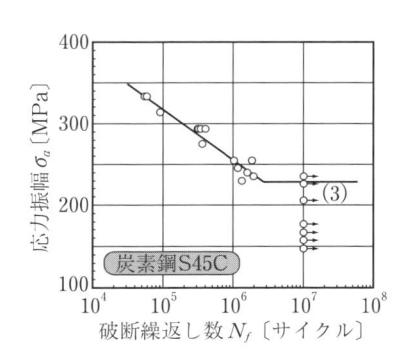

図 4.17 炭素鋼 S45C の場合．図中の矢印は，その繰返し数で試験片が破断していないことを，矢印横の括弧内の数字は破断していない試験片の本数（1 本のときは省略）を示す

**図 4.17** 鉄鋼材料の S-N 線図の例

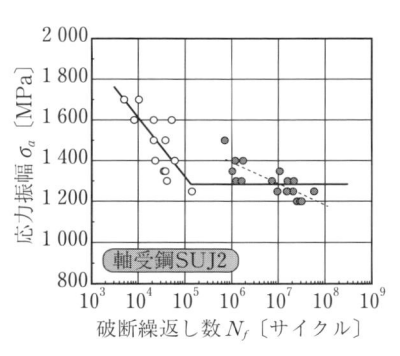

図 4.18 軸受鋼 SUJ2 の場合．白丸印は試験片表面から破断した場合，黒丸印は試験片内部から破断した場合を示す

**図 4.18** 鉄鋼材料の $10^7$ サイクル以上の S-N 線図の例

サイクル程度で現れる場合が一般的である．ここで水平線の縦軸の応力振幅の値を「**疲労限度**（fatigue limit）$\sigma_w$」と呼び，これ以下の応力振幅では疲労破壊しないことを意味する．**図 4.17** の場合の疲労限度は約 230 MPa である．工業製品が疲労で壊れないようにするためには，製品に作用する応力振幅の値が疲労限度を超えないように設計しておく必要がある．なお，$10^7$ サイクルを超える繰返し数まで調べると**図 4.18** のように水平部が再び下がる（疲労限度以下の応力振幅でも破断する）場合もあるため，注意が必要である．

**2） アルミニウム合金の場合** アルミニウム合金は，軽く（密度約 2.7 Mg/m³）錆びないために，値段は鉄鋼材料より高いが鉄鋼材料に次いでよく用いられている材料である．**図 4.19** は，アルミニウム合金 A2024 の $S$-$N$ 特性の例である．図のように，アルミニウム合金を含めた非鉄金属の場合，一般的に明確な疲労限度は現れず，$S$-$N$ 特性は繰返し数の増加とともに下がり続ける．このように疲労限度が定義できない場合は，便宜上，$10^7$ サイクルでの応力振幅を疲労限度とみなす．したがって，**図 4.19** の場合の疲労限度は約 75 MPa である．

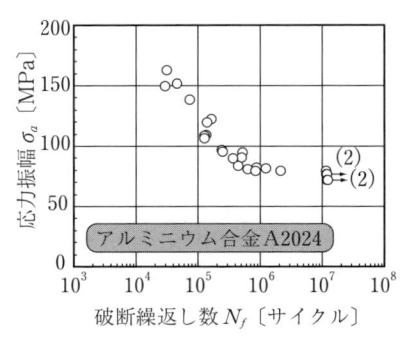

**図 4.19** アルミニウム合金の $S$-$N$ 特性の例（A2024 の場合）

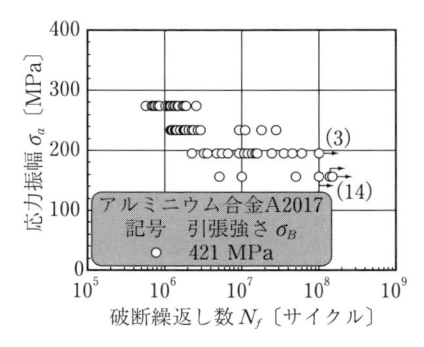

**図 4.20** アルミニウム合金の $P$-$S$-$N$ 特性の例（A2017 の場合）

なお，**6** 章で詳しく説明されるが，どのような材料であっても疲労寿命は，少なからずばらつきを有するのが一般的であり，アルミニウム合金も例外ではない．**図 4.20** は，アルミニウム合金 A2017 の疲労寿命のばらつきを調べる

ために，一つの応力振幅で複数本の試験片を用いて（**図4.20**の場合は，一応力振幅につき19本）実験を行った例である．このような実験結果は，**P-S-N特性**（**確率S-N特性**）と称す．疲労寿命のばらつきは，ワイブル分布や対数正規分布に従うことがわかっており[7]，P-S-Nデータを用いた統計解析により上記の分布関数を求め，各応力振幅レベルで破壊確率50%の繰返し数を求めて折れ線で結ぶ「**中央S-N線図**」を描くことができる[7]．

**3) チタン合金** チタン合金は，軽量（密度約$4.5\,\mathrm{Mg/m^3}$）・高強度で耐食性も優れているが，アルミニウム合金に比べると値段が高いという弱点があるため，コストを重視する工業製品にはあまり使われない．代表的なチタン合金であるTi-6Al-4VのS-N特性の例を**図4.21**に示す．引張強さに依存して疲労強度も変わる様子がわかる．データ点数が多くないため不明確であるが，チタン合金のS-N特性には鉄鋼材料と同様，疲労限度が現れる．

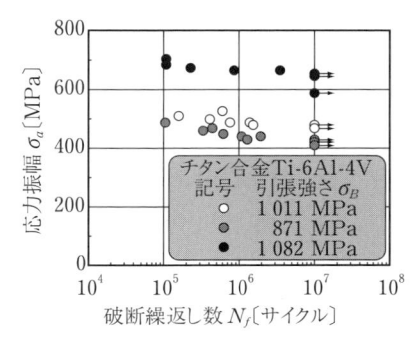

**図4.21** チタン合金のS-N特性の例（Ti-6Al-4Vの場合）

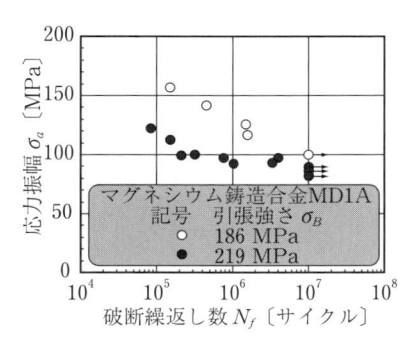

**図4.22** マグネシウム鋳造合金のS-N特性の例（MD1Aの場合）

**4) マグネシウム合金** 以上で紹介した材料よりも密度が小さく（密度約$1.7\,\mathrm{Mg/m^3}$），ある程度の強度も有するため，比強度では優れているマグネシウム合金が，近年，注目されている．しかしながら，昔の写真用フラッシュの発光源に用いられていたことからもわかるように，発火しやすい材料のため，材料の改良や加工方法の改良などの工夫が必要である．マグネシウム鋳造合金MD1AのS-N特性の例を**図4.22**に示す．引張強さに依存して疲労強度も変

わる様子と，疲労限度が明確に現れない様子がわかる。

疲労試験結果を用いて厳密に $S$-$N$ 線図を描く場合には，14-$S$-$N$ 試験法[8]に準拠した試験を行う必要がある。14-$S$-$N$ 試験法では，$S$-$N$ 線図の傾斜部（横軸の $10^4 \sim 10^6$ サイクル）で4応力振幅レベルを設定し，1応力レベルにつき2本ずつ計8本の試験片を用いて実験を行う。つぎに，6本の試験片を用いて $10^7$ サイクルまでの疲労試験を行い，$10^7$ サイクルの時点で破断か未破断かを調べ，ステアケース法[8]を用いて疲労限度 $\sigma_w$（アルミニウム合金のように疲労限度が現れない場合は，$10^7$ サイクルの時点での縦軸の応力振幅を疲労限度とみなす（これを **$10^7$ サイクル時間強度** と称す））を求める。このようにして14本の試験片で得た実験結果を最小二乗法で近似して $S$-$N$ 線図を描くが，最近では $S$-$N$ 線図作成用の専用のソフトが発売されており，これを用いるのが便利である[9]。

なお，以上で示した $S$-$N$ 特性において，疲労に強い材料の $S$-$N$ 線図は上方へシフトする。また，引張りの平均応力が付与される（応力比 $R$ が 1.0 に近づく）と $S$-$N$ 線図は下方へシフトする。

〔2〕 **疲労限度の推定方法**　前述のように厳密に $S$-$N$ 線図を求めるためには 14-$S$-$N$ 試験法に準拠する必要があり，その場合，6本の試験片を用いて最大 $10^7$ サイクルまで実験を行わなければならない。しかし，通常の疲労試験機の試験速度（試験周波数）はたかだか 100 Hz 程度であるため，**表 4.1** に示すように，$10^7$ サイクル以上までの実験を行うためには長時間を要する。そのため，多少精度は犠牲にしても迅速に疲労限度を推定したい場合があるため，短時間で手軽に得られる強度特性値（引張強さ $\sigma_B$，ビッカース硬さ $HV$ など）

**表 4.1**　試験周波数と実験に要する日数

| 繰返し数 $N$ 〔cycles〕 | 試験周波数 $f$ 〔Hz〕 | | |
|---|---|---|---|
| | 1 | 10 | 100 |
| $10^7$ | 約 116 日 | 約 12 日 | 約 1 日 |
| $10^8$ | 約 1 157 日 | 約 116 日 | 約 12 日 |
| $10^9$ | 約 11 574 日 | 約 1 157 日 | 約 116 日 |

を用いて疲労限度を推定する方法が研究されている。以下で代表的なものを紹介する。

***1)* 引張強さ $\sigma_B$ を用いた方法**　引張強さ $\sigma_B$ が 1 000 MPa 程度以下の鉄鋼材料の場合，$\sigma_B$ と回転曲げ疲労試験で求めた $\sigma_w$ の間には

$$\sigma_w \approx 0.5\sigma_B \tag{4.1}$$

なる関係が成立することが知られている[10]。軽金属材料についてのこの種の解析は，鉄鋼材料に比べて S-N データは少ないことから，あまり多くはないが，以下でいくつかの例を紹介する。

　引張強さ $\sigma_B$ と疲労限度（非鉄金属材料の場合は，正確には，$10^7$ サイクル時間強度）$\sigma_w$ の間の関係を調べるためには，S-N 線図縦軸の応力振幅 $\sigma_a$ を引張強さ $\sigma_B$ で無次元化したグラフを描けばよい。異なる $\sigma_B$ の材料で求めた S-N 線図の縦軸をそれぞれの $\sigma_B$ で無次元化して描き直したグラフの例を**図 4.23～図 4.25** に示す。$\sigma_B$ の違いに起因した S-N 特性のバラツキが，グラフの縦軸を $\sigma_B$ で無次元化することである程度解消できることがわかる（マグネシウム鋳造合金を除く）。式 (4.1) に示した鉄鋼材料における係数 0.5 は軽量金属の場合は異なった値となり，アルミニウム合金：0.25～0.6 程度，アルミニウム鋳造合金：0.15～0.65 程度，チタン合金：0.5～0.6 程度，マグネシウム鋳造合金：0.18～0.5 程度の値になるが，負荷形式や材種によっても値が異な

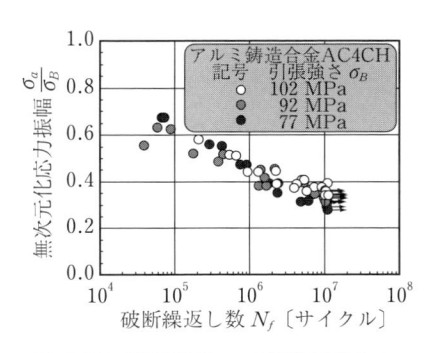

**図 4.23**　引張強さ $\sigma_B$ で無次元化したアルミニウム鋳造合金の S-N 特性の例（AC4CH の場合）

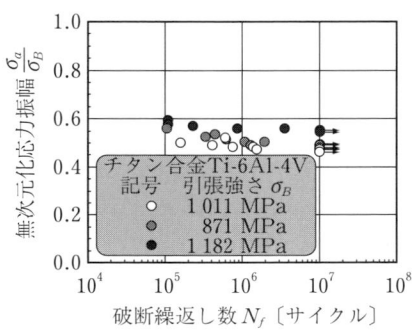

**図 4.24**　引張強さで無次元化したチタン合金の S-N 特性の例（Ti-6Al-4V の場合）

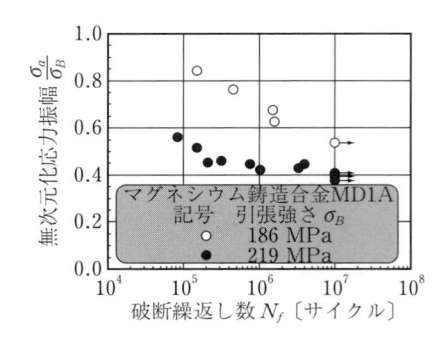

図 **4.25** 引張強さで無次元化したマグネシウム鋳造合金の $S$-$N$ 特性の例（MD1A の場合）

るため，文献などで詳細を確認する必要がある[11),12)]。

**2） ビッカース硬さ $HV$ を用いた方法**　引張試験よりも迅速に試験ができ，手軽に測定値が得られる方法として硬さ試験がある。硬さ試験機には種々のタイプがあるが，ビッカース硬度計で得られるビッカース硬さ $HV$ と回転曲げ疲労試験で求めた $\sigma_w$ の間には，$HV$ が 400 程度以下の鉄鋼材料の場合

$$\sigma_w \fallingdotseq 1.6HV \tag{4.2}$$

なる関係が成立することが知られている[10)]。

**3） 微小欠陥の $\sqrt{area}$ とビッカース硬さ $HV$ を用いた方法**　疲労破壊は，材料が有するなんらかの欠陥（介在物，鋳造欠陥など）を起点として発生することが多い。欠陥寸法が大きいほど疲労強度が低下するため，欠陥寸法を知ることで $\sigma_w$ を推定する方法が村上らによって提唱されており，$\sigma_w$ は欠陥を最大引張応力方向へ投影した投影面積 $area$ の平方根 $\sqrt{area}$ と，基地組織のビッカース硬さ $HV$ を用いることで，次式のように表すことができる。

$$\sigma_w = F_{loc}\frac{(HV + 120)}{(\sqrt{area})^{1/6}} \tag{4.3}$$

ここで，各量の単位は $\sigma_w$ [MPa]，$\sqrt{area}$ [μm] であり，$F_{loc}$ は欠陥が存在する位置により変化する係数で，表面欠陥の場合は 1.43，内部欠陥の場合は 1.56 である。この方法を用いた $\sigma_w$ の推定は $\sqrt{area}$ パラメータ法と呼ばれており，$\sqrt{area}$ の値が 1 000 μm 程度以下の比較的小さな欠陥を有する高強度鋼に対しては優れた実績がある[13)]。

しかし，この方法を軽量金属に対して適用した場合，高めの推定値を得る場合があることが知られている．野口らは，この点を補正する方法として，次式のような軽量金属のヤング率$E$と高強度鋼のヤング率$E_{steel}$の比を加味した補正式を提案している[14]．

$$\sigma_w = F_{loc} \frac{\left(HV + 120 \times \dfrac{E}{E_{steel}}\right)}{(\sqrt{area})^{1/6}} \quad (4.4)$$

アルミニウムダイカスト合金（$E = 76\,\mathrm{GPa}$）に上式を適用した例を図 **4.26** に示す．図の縦軸は応力振幅 $\sigma_a$ を式 (4.4) を用いて推定した $\sigma_w$ で除している．図のように縦軸の 1.0（破線）を境に破断と未破断が区切られており，式 (4.4) のような補正を施すことにより軽量金属に対しても $\sqrt{area}$ パラメータ法が十分な精度で適用できることがわかる．

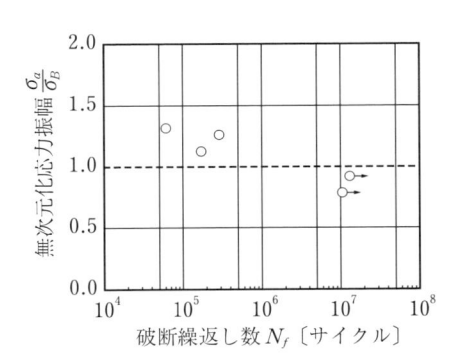

図 **4.26** アルミダイカスト合金の疲労限度推定例

**例題 4.3** 応力振幅 $\sigma_a$ が 250 MPa で，応力比 $R(=\sigma_{\min}/\sigma_{\max})$ が，① $-1.0$，② 0.0，③ 0.5，の状態を図 **4.6** と同じように，縦軸応力，横軸時間（繰返し数）のグラフへ正確に示せ．

**【解答】** 図 **4.27** 参照．

96    4. 疲労強度

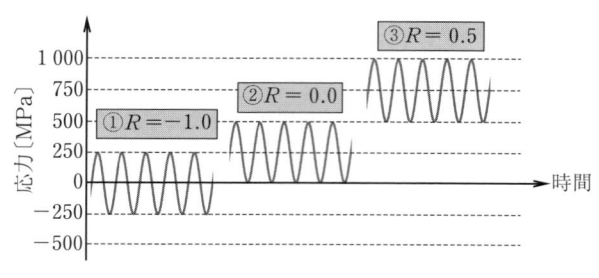

**図 4.27** 各種応力比の応力状態

## 4.4 疲労き裂成長

　前節で述べたように，一般的に疲労き裂は，材料表面で発生する局部的な塑性変形箇所の凹み部（入込み）で発生する。発生したての疲労き裂は，すべり面がせん断応力 $\tau$ によって分離する「すべり面分離型」のき裂である。最初にき裂が発生した結晶と隣接する数個程度の結晶を通り過ぎるまでは「すべり面分離型」であるが，き裂が徐々に長くなるに伴い，垂直応力 $\sigma$ の作用で「開口型（モードⅠ型）」のき裂へと形態を変え，垂直応力 $\sigma$ に対して直交する方向へ成長するようになる。以下では，「開口型（モードⅠ型）」で成長する疲労き裂の特徴について説明する。なお，**き裂成長**は，**き裂進展**，あるいは**き裂伝ぱ**と称する場合もあるが，意味はすべて同じである。

　一定の大きさ以上の繰返し応力が作用する間は，疲労き裂は成長し続け，き裂長さは決して短くなることはない。疲労き裂が成長する過程における，負荷応力 $\sigma$，き裂長さ $a$ と応力拡大係数 $K$ の関係を模式的に**図 4.28**($a$)～($c$) に示す。図($a$)の応力は，前出の**図 4.6**と同じであり，応力振幅一定の繰返し応力である。図($b$)は繰返し数 $N$ とき裂長さ $a$ の関係を示す。なんらかの方法（顕微鏡による直接観察や，電気的手法による間接観察など）によって計測したき裂長さを図中の○印のようにプロットし，近似曲線 $a(N)$ を求める。任意の繰返し数 $N_i$ において関数 $a(N)$ を $N$ で微分し，その値を疲労き裂成長速度 $da/dN$ とする。図($c$)は繰返し数 $N$ と応力拡大係数 $K$ の関係を示す。

## 4.4 疲労き裂成長

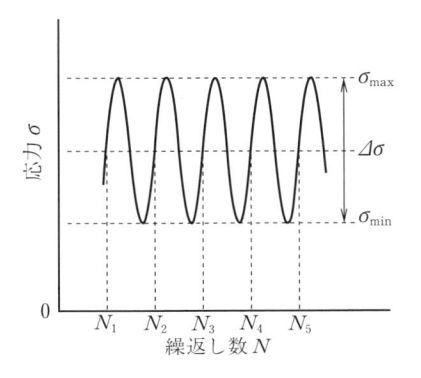

(a) 応力と繰返し数

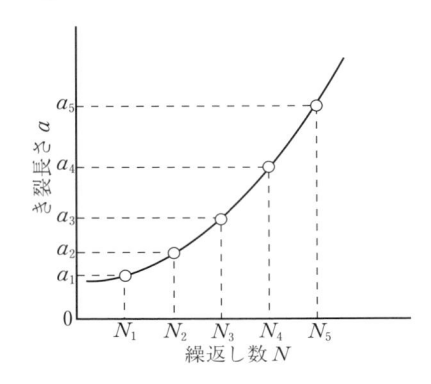

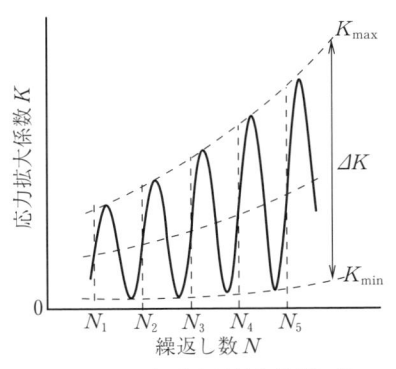

(b) き裂長さと繰返し数

(c) 応力拡大係数と繰返し数

**図 4.28** 疲労き裂成長に伴うき裂長さと応力拡大係数の変化の様子

応力振幅は一定であってもき裂長さ $a$ が繰返し数 $N$ の増加とともに長くなるため

$$K = \sigma\sqrt{\pi a} \tag{4.5}$$

で計算する応力拡大係数 $K$ は，図 (c) のように繰返し数 $N$ の増加とともに増大する．なお，前述のように，疲労を生じさせる駆動力は応力振幅 $\sigma_a$ であるが，疲労き裂を成長させるのは，応力拡大係数振幅ではなく，応力拡大係数範囲 $\Delta K\,(= K_{\max} - K_{\min})$ である点に注意する必要がある．

疲労き裂成長特性を調べる場合は，**図 4.29** に示すように，縦軸に疲労き

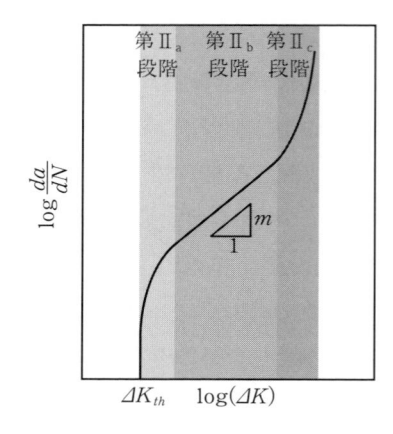

**図 4.29** 疲労き裂成長速度と応力拡大係数範囲の関係（模式図）

成長速度 $da/dN$，横軸に応力拡大係数範囲 $\varDelta K$ をそれぞれ対数で目盛った $\varDelta K$-$da/dN$ 線図を描く。S-N 線図の場合は，鉄鋼材料と非鉄材料で異なったグラフになるが，$\varDelta K$-$da/dN$ 線図の場合は，金属材料であれば材種の違いに関係なく，**図 4.29** のような形態のグラフになる。グラフは一般に以下の三つの段階に区別できる。

- 第 $\mathrm{II}_a$ 段階：$\varDelta K$ の増加に伴い $da/dN$ が急速に増大する領域
    （$da/dN$ が $10^{-9}$ m/cycle 程度以下の領域）
- 第 $\mathrm{II}_b$ 段階：両対数グラフで，右上がりの直線になる領域
    （$da/dN$ が $10^{-9}$ m/cycle 程度以上 $10^{-6}$ m/cycle 程度以下の領域）
- 第 $\mathrm{II}_c$ 段階：$\varDelta K$ の増加に伴い $da/dN$ が再び急速に増大する領域
    （$da/dN$ が $10^{-6}$ m/cycle 程度以上の領域）

このうち，第 $\mathrm{II}_b$ 段階では，$\varDelta K$ と $da/dN$ の間に

$$\frac{da}{dN} = C\varDelta K^m \tag{4.6}$$

なる関係が成り立つことが知られており，この関係を**パリス則**（Paris rule）と呼ぶ。$C$ および $m$ は実験条件に依存して決まる値であり，特に $m$ は一般

に，2〜7程度の値となることが知られている。

一方，第$\mathrm{II}_a$段階において$\mathit{\Delta}K$-$da/dN$線図が横軸と交わる$\mathit{\Delta}K$の値（$da/dN$が$10^{-12}$m/cycle程度以下になるときの$\mathit{\Delta}K$の値）を**下限界応力拡大係数範囲**（threshold of stress intensity factor range）と呼び，記号$\mathit{\Delta}K_{th}$で表す。疲労き裂を有する部材の$\mathit{\Delta}K$がこの値より小さければ，疲労き裂は事実上成長しない（疲労破壊しない）ことを意味し，疲労き裂を有する部材の耐疲労設計において重要な値である。疲労き裂が成長しない（疲労破壊しない）という点で$\mathit{\Delta}K_{th}$は$S$-$N$線図における疲労限度$\sigma_w$と同じであるが，疲労限度が鉄鋼材料でしか存在しないのに対し，$\mathit{\Delta}K_{th}$は鉄鋼材料であっても非鉄材料であっても存在するという違いがある。第$\mathrm{II}_c$段階においては$da/dN$が速いため，疲労き裂は急速に成長して，$\mathit{\Delta}K$の値が材料の破壊じん性値に達すると，部材は疲労破壊を起こす。

材料表面で発生する「すべり面分離型」の疲労き裂が「開口型（モードⅠ型）」の疲労き裂になるまでに要する繰返しを**疲労き裂発生寿命**（fatigue crack initiation life）$N_i$，その後のき裂成長によって最終的な破壊に至るまでに要する繰返し数を**疲労き裂成長寿命**（fatigue crack propagation life）$N_p$と表すと，**疲労寿命**（fatigue life）$N_f$は

$$N_f = N_i + N_p \tag{4.7}$$

と表示できる。一般的に，$N_p$のほうが$N_i$よりも長いので，近似的には$N_f \approx N_p$とみなすこともできる。また，$N_p$の多くは第$\mathrm{II}_b$段階での疲労き裂成長に費やされるので，実験を通じてパリス則の関係が得られていれば，初期き裂長さ$a_i$と最終き裂長さ$a_f$を用いて

$$N_f = \int_{a_i}^{a_f} \frac{1}{\frac{da}{dN}} da = \int_{a_i}^{a_f} \frac{1}{C(\mathit{\Delta}\sigma\sqrt{\pi a})^m} da$$

$$= \frac{1}{C(\mathit{\Delta}\sigma\sqrt{\pi})^m \left(\frac{m}{2}-1\right)} \left\{ \frac{1}{a_i^{\left(\frac{m}{2}-1\right)}} - \frac{1}{a_f^{\left(\frac{m}{2}-1\right)}} \right\} \tag{4.8}$$

のように疲労寿命$N_f$を計算することができる。このように，疲労き裂の存在

を許容して疲労寿命を求める方法を損傷許容設計という。初期き裂長さ $a_i$ の代わりに，定期点検などの際に検出されたき裂長さを用いることで，定期点検の時点からの残り寿命を計算することもできる。

---

**例題 4.4** パリス則の関係は，縦軸 $da/dN$，横軸 $\Delta K$ の両対数グラフ上では傾き $m$ の直線で表せることを示せ。

---

【解答】 パリス則の式の両辺の対数をとると
$$\log\left(\frac{da}{dN}\right) = \log C + m \log \Delta K$$
となるから，グラフの縦軸は $\log(da/dN)$，横軸は $\log \Delta K$ であるから，傾き $m$ の直線になる。　　　　　　　　　　　　　　　　　　　　　　　　　　　　　◇

演習問題【1】で，引張りの平均応力が付与される（応力比 $R$ が 1.0 に近づく）と $S$-$N$ 線図は下方へシフトすることを学習する。疲労き裂成長の場合は，引張りの平均応力が付与される（応力比 $R$ が 1.0 に近づく）と $\Delta K$-$da/dN$ 線図は左方へシフトする。すなわち，ある長さの疲労き裂に対して応力比 $R$ が異なるが同じ大きさの $\Delta K$ が負荷された場合，応力比 $R$ が大きい場合のほうが $da/dN$ が速くなるとともに $\Delta K_{th}$ が小さくなる。応力比 $R$ を変えて求めた $\Delta K$-$da/dN$ 線図の一例を**図 4.30** に示す[5]）。実際の実験結果のため，若干のばらつきはあるが，応力比 $R$ が大きいほど（1.0 に近づくほど）$\Delta K$-$da/dN$

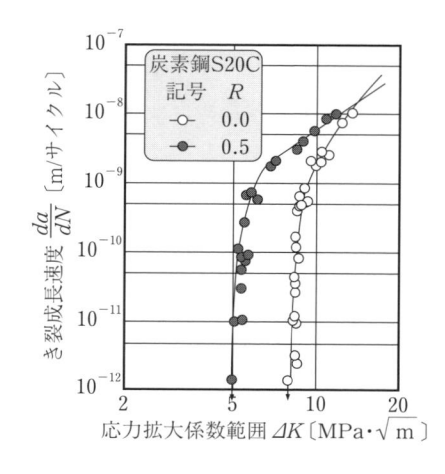

**図 4.30** 疲労き裂成長挙動に及ぼす応力比の影響の例（炭素鋼 S20C の場合）[5]）

線図は左方へシフトする様子がわかる。

前節の例題 **4.3** では，応力比 $R$ がマイナスの場合，すなわち，引張応力だけではなく圧縮応力も負荷される場合について考えた。以下では，疲労き裂に圧縮応力が負荷された場合について考える。部材中にき裂が存在する場合，き裂面に対して垂直な方向に引張応力 $\sigma$ を負荷すると開口型（モードⅠ型）になることは **3** 章で学んだとおりである。しかし，疲労き裂に対して，引張りと圧縮が交互に繰り返されるような応力が負荷された場合，引張応力が負荷されている間はき裂が開いて，き裂としての性質を発揮するが，圧縮応力が負荷されている間は，き裂が閉じて，き裂がき裂としての性質を発揮しなくなる。すなわち，図 **4.31**（$a$），（$b$）に模式的に示すように，応力比 $R=-1$ の繰返し応力の場合（図（$a$）），式的には図（$b$）のようにマイナスの応力拡大係数の算出ができるが，き裂が閉じていてき裂の役割を演じない。そのため，き裂が開いている間だけの応力拡大係数から $\mathit{\Delta}K$ を算出する必要がある。

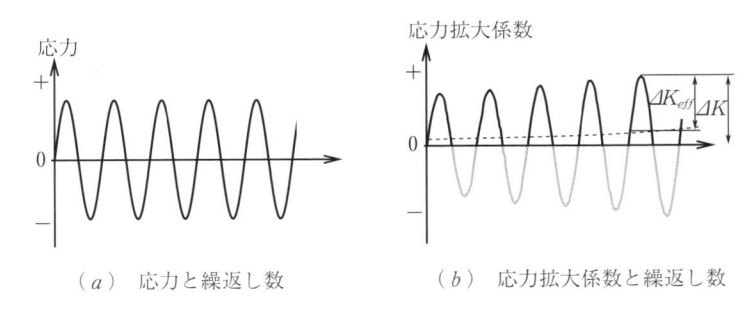

（$a$）　応力と繰返し数　　　　（$b$）　応力拡大係数と繰返し数

図 **4.31**　圧縮応力が負荷される場合の応力拡大係数の変化の様子

なお，き裂を閉じるのは圧縮応力だけではない。

① 　き裂先端に形成される塑性域の中をき裂が成長した後にき裂面に残留する塑性ひずみ
② 　き裂面を覆うように付着する酸化物
③ 　き裂面の微視的な凹凸

など[15]）が原因で，き裂に引張応力が作用しているにもかかわらず，き裂が閉

じているように振る舞う場合がある。このようにき裂が閉じる現象を「**き裂閉口**（crack closure）」と呼ぶ。上記の①，②，③によって生じるき裂閉口をそれぞれ，塑性誘起き裂閉口，酸化物誘起き裂閉口，破面粗さき裂閉口と呼んで区別する。①〜③の場合の $\Delta K$ の取扱いは，圧縮応力でき裂が閉口した場合と同じように考え，き裂が開口している間の応力拡大係数範囲を求めて用いればよい（**図 4.31**（b）中の破線より上の部分）。このようにして求める $\Delta K$ を**有効応力拡大係数範囲**（effective stress intensity factor range）と呼び，$\Delta K_{eff}$ と表す。前出の**図 4.30** の横軸を $\Delta K_{eff}$ に代えて描き直した $\Delta K_{eff}$-$da/dN$ 線図を**図 4.32** に示す。$\Delta K_{eff}$ を用いることにより，疲労き裂成長に及ぼす $R$ の影響は概ね解消できることがわかる。

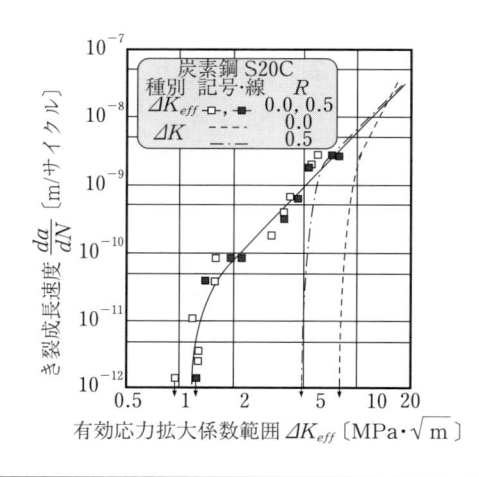

**図 4.32** 疲労き裂成長速度と有効応力拡大係数範囲の関係（図 4.30 の書換え）[5]

**例題 4.5** 上述の「塑性誘起き裂閉口」が起こる理由を考えよ。

（考え方のヒント：**3** 章で説明されているように，き裂先端では応力が材料の降伏応力を超えるため，必ず塑性変形が生じる。しかし，疲労き裂がき裂先端の塑性域を突っ切るように成長した後，き裂面上の応力は 0 になる。その場合のき裂面上のひずみの状態を考える。）

**【解答】** き裂先端に形成される塑性域は，模式的に以下の**図 4.33**（a）のようになる。この材料の応力-ひずみ線図は模式的に図（b）のように表される。き裂 1 の

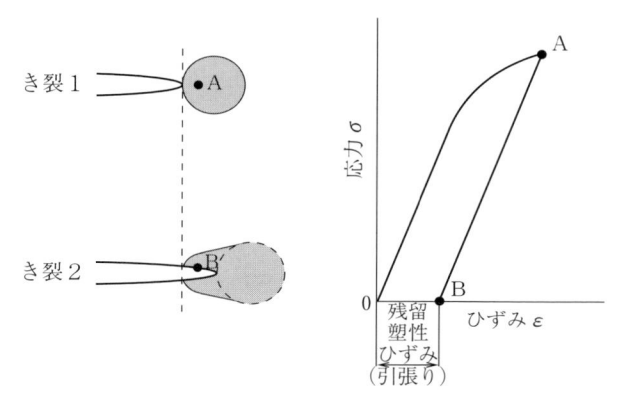

(a) き裂先端の塑性変形　　(b) き裂先端部材の応力-ひずみ状態

図 *4.33*　塑性誘起き裂閉口の概念

先端前方の点 A では図 (b) の点 A のように, 材料は完全に塑性変形している。このき裂が成長してき裂 2 になり, 点 A はき裂 2 の先端後方き裂面上の点 B に位置したと考えると, 点 B ではき裂面に対する垂直応力が解放されてゼロになるため, 図 (b) の点 B のような応力状態になる。この場合, 応力はゼロであるが, き裂面には引張りの塑性ひずみが残留することがわかる。この引張残留塑性ひずみの影響で, き裂面が本来より盛り上がっている状態になるため, 上下き裂面の盛り上がった箇所が接触することでき裂閉口を生じる。　　　　　　　　　　　　　　　　　　◇

以上, 本章では, 疲労と疲労き裂成長の基本事項について説明した。工業製品は, ユーザが使用中に壊れることがないように十分に注意して設計されているが, 時折壊れることもある。その場合, 製品の製造メーカーは, 自社の製品が壊れた原因を調査し, 同様の事故の再発防止を図る。このような事故原因調査結果の統計をとると, 事故原因の多く（7〜8 割）にはなんらかの形で「疲労破壊」が関与しているという報告がある。このように「壊れないものづくり」にとって,「疲労」の知識が非常に重要であることを認識してほしい。

## 演習問題

【1】 疲労限度 $\sigma_w$（非鉄金属の場合は $10^7$ サイクルにおける時間強度）に及ぼす平均応力の影響を調べた実験結果を整理するグラフとして**疲労限度線図**（fatigue limit diagram）がある。線図の引き方は各種あるが，その中の「**修正グッドマン線図（modified Goodman diagram）**」について調べ，要約して示せ。また，修正グッドマン線図を用いた場合，引張強さ $\sigma_B$ の半分の大きさの平均応力を負荷した場合の疲労限度は，平均応力 $\sigma_{\text{mean}}$ を負荷しない場合の疲労限度 $\sigma_{w0}$ の何％になるかを推定せよ。

【2】 問図 **4.1** に示す S-N 線図を用いて，以下の問いに答えよ。
（1） 問図 **4.1** は，どのような材料で求めた S-N 線図か，材料名と，そのように考えた理由を示せ。
（2） この材料に 300 MPa の応力振幅を加えた場合，何サイクルで疲労破壊するか。
（3） **マイナー則**（Miner rule）について調べ，要約して示せ。また，マイナー則を用いた場合，応力振幅 400 MPa で $10^5$ サイクルまで実験した試験片に，300 MPa の応力振幅を負荷した場合，何サイクルで疲労破壊すると予測できるか示せ（そのように予測した理由も記すこと）。

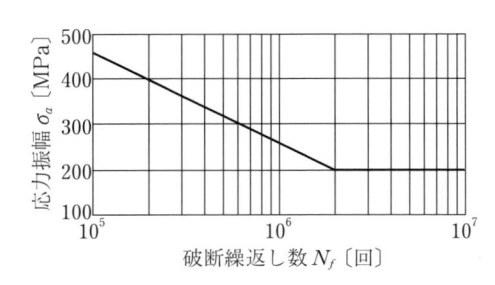

**問図 4.1** S-N 線図の例

【3】 **4.3** 節の図 **4.16** に示したストライエーションは，応力が 1 サイクル繰り返されるごとに少しずつ成長する疲労き裂の痕跡である。したがって，ストライエーションの間隔（縞と縞の間隔）は，第 II$_b$ 段階における疲労き裂成長速度 $da/dN$ の値とほぼ一致することが知られている。以下の問に答えよ。
（1） 図 **4.16** から，疲労き裂成長速度 $da/dN$ を推定せよ。
（2） この破面は，問図 **4.2** に示す**中央き裂付引張り**（center cracked plate tension, CCT）**試験片**で得られた。CCT 試験片の応力拡大係数

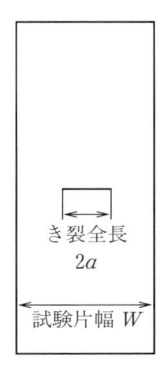

```
        ┌─────────────┐
        │             │
        │             │
        │    ┌──┐     │
        │    └──┘     │
        │   き裂全長   │
        │    2a       │
        │←─ 試験片幅 W ─→│
        └─────────────┘
```
**問図 4.2** CCT 試験片

は

$$\Delta K = \Delta\sigma\sqrt{\pi a}\,F(\alpha) \quad \left(F(\alpha) = \sqrt{\sec\left(\frac{\pi\alpha}{2}\right)},\ \alpha = \frac{2a}{W}\right)$$

で計算できるものとする。パリス則の定数 $C$ と $m$ はそれぞれ $1.0 \times 10^{-12}$,$4.0$ として,試験片に負荷された応力拡大係数範囲 $\Delta K$ の大きさを推定せよ。

(3) CCT 試験片の幅 $W$ が 50 mm,ストライエーション間隔を読み取った位置が CCT 試験片の中央から 5 mm であるとして,試験片に作用した応力範囲 $\Delta\sigma$ の値を推定せよ。

【4】 以下の手順に従って,4.4 節の式 (4.8) を用いて疲労寿命 $N_f$ を算出せよ。ただし,応力拡大係数 $K$ は $\sigma\sqrt{\pi a}$ で計算できるものとする。

(1) 破壊じん性値 $K_{IC}$ が $50\,\mathrm{MPa}\cdot\sqrt{\mathrm{m}}$ の材料に,応力比 $R = 0$ で $\Delta\sigma = 100\,\mathrm{MPa}$ を負荷した場合,この材料が壊れるときのき裂全長 $2a_f$ を求めよ。

(2) 初期き裂全長 $2a_i$ が 10 mm の場合,この材料が疲労破壊するまでの寿命 $N_f$ を求めよ。パリス則の定数 $C$ と $m$ は演習問題【3】と同じである。

【5】 有効応力拡大係数範囲 $\Delta K_{eff}$ を求めるためには,疲労き裂が開口状態から閉口状態へ変わる箇所を調べる必要がある。き裂の開口,閉口によって,き裂を有する材料の剛性がわずかに変化するので,それを調べて $\Delta K_{eff}$ を求めることができる。そのための代表的な手法として,**除荷弾性コンプライアンス法**[15] が有名である。以下の手順で除荷弾性コンプライアンス法を理解しよう。

## 4. 疲労強度

(1) 問表 4.1 のデータを，縦軸を応力，横軸をひずみとしたグラフ（縦軸横軸とも普通目盛）にプロットせよ．また，ここで描いたグラフでは，剛性のわずかな変化に伴う直線の折れ曲がりは，ほとんど識別できないことを確かめよ．

(2) き裂が明らかに閉口していないと思しき範囲のデータ（例えば，上の表で応力が 520 MPa 以上のデータ）を，最小二乗法で直線近似して直

**問表 4.1** サンプルデータ

| ひずみ $\varepsilon$ [%] | 応力 $\sigma$ [MPa] | ひずみ $\varepsilon$ [%] | 応力 $\sigma$ [MPa] |
|---|---|---|---|
| 0.010 0 | 0 | 0.052 2 | 520 |
| 0.012 5 | 40 | 0.055 7 | 560 |
| 0.015 6 | 80 | 0.060 0 | 600 |
| 0.019 1 | 120 | 0.064 0 | 640 |
| 0.021 6 | 160 | 0.068 3 | 680 |
| 0.024 4 | 200 | 0.072 3 | 720 |
| 0.027 0 | 240 | 0.075 7 | 760 |
| 0.029 7 | 280 | 0.080 1 | 800 |
| 0.033 3 | 320 | 0.083 7 | 840 |
| 0.036 1 | 360 | 0.087 7 | 880 |
| 0.040 6 | 400 | 0.091 8 | 920 |
| 0.043 9 | 440 | 0.095 6 | 960 |
| 0.047 7 | 480 | 0.099 6 | 1 000 |

線の式 $\sigma = a\varepsilon + b$（$a$ は直線の傾き，$b$ は切片）を求めよ．

(3) 表中の応力（0～1 000 MPa）を直線の式に代入して，ひずみの値を求めよ．

(4) (3)で求めた各応力のひずみの値から表中のひずみの値を引き算し，縦軸に応力，横軸に引き算後のひずみをとってグラフを描け．また，描いたグラフの横軸を拡大すると，剛性のわずかな変化に伴う直線の折れ曲がりがはっきりと識別できることを確認したうえで，き裂が閉口し始めたと思われるときの応力の値を求めよ．

# 5

# 高 温 強 度

　2章と4章では，室温での金属材料の静的強度と疲労強度について学んだ。高温環境下では，金属材料の弾性係数，降伏応力，引張強さなどの低下に加えて，原子の拡散に伴う時間に依存した変形や破壊を生じる。このため高温環境下で使用する機械・構造物の設計や運用にあたっては，時間依存の変形および破壊特性を考慮する必要がある。本章では，高温環境下での金属材料の時間に依存した変形挙動や破壊機構について述べる。

## *5.1* クリープ変形とクリープ破壊

　高温環境下において材料に引張荷重が継続的に負荷されると，材料が徐々に伸び，最終的には破壊を生じる現象がある。このような，材料に一定応力が作用した場合に生じる時間に依存して進行する変形を**クリープ変形**（creep deformation）と呼び，この現象によって材料が破壊することを**クリープ破壊**（creep fracture）と呼ぶ。これらの現象は，その材料が融ける温度（融点）$T_m$ [K] の 0.3 倍から 0.4 倍以上の温度条件で生じる。このため，ジェットエンジンや発電プラントなどの高温環境下で利用される機械・構造物には，クリープによる変形や破壊を考慮した設計が必要となる。また，はんだなどの低融点材料（Sn-Pb 共晶はんだの場合 $T_m = 456$ K 程度）の場合，氷点下でも $0.3T_m$ 以上の温度となるため，クリープによる変形や破壊が問題となる場合がある。

　通常，**クリープ試験**（creep test）は，**図** *5.1* に示すように，一定温度に保った丸棒状の試験片に一定荷重を負荷することにより行われる。クリープ試験

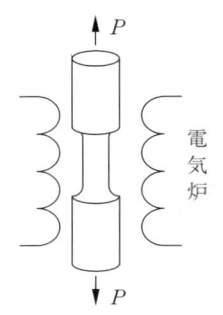

図 5.1 クリープ試験

で測定されるひずみと時間およびひずみ速度と時間との関係の模式図を図 5.2 に示す。図 ($a$) は，**クリープ曲線**（creep curve）と呼ばれるひずみと時間との関係を示し，図 ($b$) は**ひずみ速度**（strain rate）と時間との関係を示す。クリープ過程は，クリープ曲線の形によって三つの過程に分けることができる。すなわち，引張荷重負荷直後には瞬間ひずみ $\varepsilon_0$ (= 弾性ひずみ + 時間に依存しない塑性ひずみ）を生じ，その後，時間に依存したクリープひずみが現れる。**遷移クリープ**（transient creep）は，ひずみ速度が時間とともに減少する領域であり，**第 1 期クリープ**（primary creep）とも呼ばれる。つづいて，ひずみ速度がほぼ一定の値を示す**定常クリープ**（steady state creep）と呼ばれる**第 2 期クリープ**（secondary creep）が現れる。さらにその後，ひずみ速度が増加する**加速クリープ**（accelerating creep）と呼ばれる**第 3 期クリープ**（tertiary creep）が現れた後，破断に至る。

($a$) クリープ曲線

($b$) クリープひずみ速度

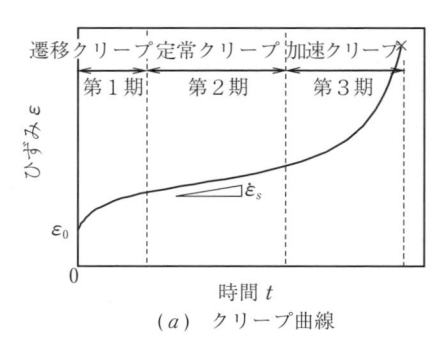

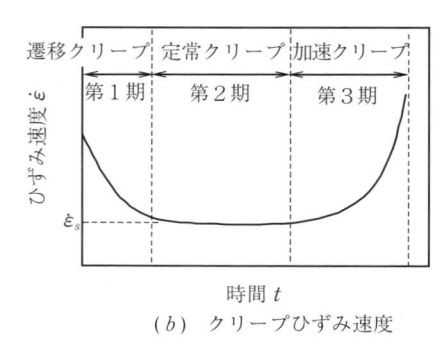

図 5.2 クリープひずみとクリープひずみ速度の変化

金属組織的な変化で見ると，遷移クリープは負荷応力によって発生した**転位**（dislocation）や**格子欠陥**（lattice defect）の増加により材料の加工硬化が進む過程であり，このためにひずみ速度が時間の増加とともに低下する。同時に，熱エネルギーの影響による格子欠陥の移動，消滅や格子の再配列などにより組織回復も生じる。この組織回復と加工硬化とがつりあった状態が定常クリープである。その後，クリープひずみ速度が増加する加速クリープとなるが，それが開始する時期や条件などについては十分には明らかとなっていない。いずれの過程においても，温度が高いほど，また応力が大きいほどクリープひずみ速度は増加する。

## 5.2 クリープ変形の温度・応力依存性

定常クリープでのひずみ速度 $\dot{\varepsilon}_s$ は最小クリープ速度とも呼ばれ，クリープ変形を特徴づける量として用いられている。一定温度条件下での定常クリープひずみ速度 $\dot{\varepsilon}_s$ は，負荷応力に対して**図 5.3** に示すように変化し，その関係は次式で示すことができる。

$$\dot{\varepsilon}_s = B\sigma^n \tag{5.1}$$

ここで，$B$ は定数であり，$n$ は応力指数である。指数 $n$ は応力や温度条件により変化し，低応力クリープと呼ばれる $n \approx 1$ の領域と $n = 3 \sim 8$ を示す指数則クリープ（power-law creep）の領域がある。

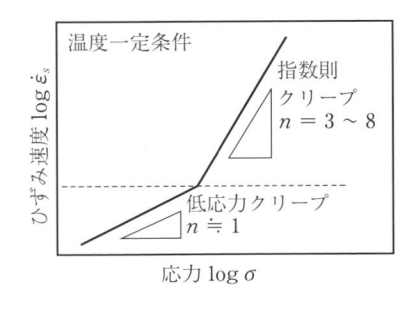

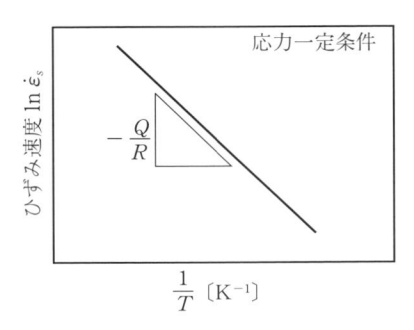

**図 5.3** クリープひずみ速度の応力依存性　　**図 5.4** クリープひずみ速度の温度依存性

一方,一定応力条件下での定常クリープひずみ速度 $\dot{\varepsilon}_s$ と試験温度 $T$ との間には**図 5.4** に示すようなアレニウス型の関係があることが知られている。この関係は次式で示すことができる。

$$\dot{\varepsilon}_s = B' \exp\left(-\frac{Q}{R}\frac{1}{T}\right) \tag{5.2}$$

ここで,$R$ は**気体定数**(8.31 J/(mol·K))であり,$Q$ は**クリープの活性化エネルギー**と呼ばれ J/mol の単位をもつ。また,$B'$ は定数である。

式 (5.1) と式 (5.2) をまとめると次式が得られる。

$$\dot{\varepsilon}_s = A\sigma^n \exp\left(-\frac{Q}{R}\frac{1}{T}\right) \tag{5.3}$$

ここで,$A$ は**クリープ定数**である。材料定数である $A, n, Q$ は実験により求める必要がある。

---

**例題 5.1** ステンレス鋼を用いて,973 K でクリープ試験を行った結果,**表 5.1** の結果を得た。式 (5.1) に示した定常クリープひずみ速度と応力との関係を導き,応力指数 $n$ を導け。

**表 5.1** クリープ試験で得られた応力と定常クリープひずみ速度

| 応力 $\sigma$ [MPa] | 定常クリープひずみ速度 $\dot{\varepsilon}_s$ [%/h] |
|---|---|
| 80 | 0.000 21 |
| 100 | 0.001 0 |
| 200 | 0.128 |

---

【**解答**】 式 (5.1) の両辺の対数をとると次式となる[†]。

$\log \dot{\varepsilon}_s = \log B + n \log \sigma$

**表 5.1** の各値を上式に代入すると下記となる。

$\sigma = 80\,\mathrm{MPa}$　　$\log(0.000\,21/100) = \log B + n \log 80$

　　　　　　　　$-5.678 = \log B + 1.90n$ 　　　　　　(1)

$\sigma = 100\,\mathrm{MPa}$　　$-5.000 = \log B + 2.00n$ 　　　　　　(2)

---

[†] 本書では,10 を底とする対数を log で,自然対数を ln で表記することにする。

$\sigma = 200\,\mathrm{MPa}\qquad -2.892 = \log B + 2.30n \qquad (3)$

各式を連立させることにより $B, n$ が得られる。

式 $(1)$ と式 $(2)$ より，$B = 2.75 \times 10^{-19}$，$n = 6.78$

式 $(2)$ と式 $(3)$ より，$B = 8.71 \times 10^{-20}$，$n = 7.03$

式 $(1)$ と式 $(3)$ より，$B = 1.19 \times 10^{-19}$，$n = 6.97$

平均すると，$B = 1.60 \times 10^{-19}$ と $n = 6.93$ を得る。すなわち，応力指数 $n = 6.93$ となり，近似式は次式となる。

$$\dot{\varepsilon}_s = 1.60 \times 10^{-19} \sigma^{6.93}$$

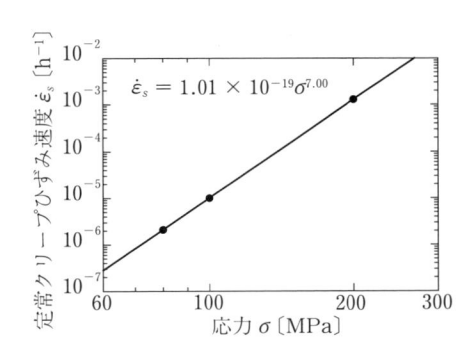

なお，$\dot{\varepsilon}_s$ と $\sigma$ との間に式 (5.1) の関係があるとき，両者は両対数グラフ上で直線関係にある。本例題では，連立方程式を解くことで $n$ と $B$ を求めたが，$\dot{\varepsilon}_s$ と $\sigma$ との関係を最小二乗近似して $n$ と $B$ を求めるのが一般的である。**図 5.5** に応力 $\sigma$ と定常クリープひずみ速度 $\dot{\varepsilon}_s$ との関係式を最小二乗法で求めた例を示す。

**図 5.5** 応力と定常クリープひずみ速度との関係

◇

**例題 5.2** 応力 $\sigma = 100\,\mathrm{MPa}$ でクリープ試験を行った結果，以下の結果を得た。式 (5.2) のクリープの活性化エネルギー $Q$ を求めよ。

温度 $T_1 = 973\,\mathrm{K}$ で $\dot{\varepsilon}_{s1} = 0.000\,10\%\mathrm{h}^{-1}$，$T_2 = 1\,073\,\mathrm{K}$ で $\dot{\varepsilon}_{s2} = 0.05\%\mathrm{h}^{-1}$ である。

**【解答】** 式 (5.2) より，次式となる。

$$Q = \frac{R \ln \dfrac{\dot{\varepsilon}_{s2}}{\dot{\varepsilon}_{s1}}}{\left(\dfrac{1}{T_1} - \dfrac{1}{T_2}\right)} = \frac{8.3 \ln 500}{\left(\dfrac{1}{973} - \dfrac{1}{1\,073}\right)} = 538 \times 10^3\ [\mathrm{J/mol}]$$

よって，クリープの活性化エネルギー $Q = 538\,\mathrm{kJ/mol}$ が得られる。　　　◇

## 5.3　クリープ変形機構

　クリープ変形は，負荷応力と熱エネルギーの作用による転位の運動や原子の拡散で生じる。転位の運動に伴うクリープ変形を**転位クリープ**（dislocation creep）と呼び，原子や空孔の拡散によるクリープ変形を**拡散クリープ**（diffusion creep）と呼ぶ。

　転位クリープは，時間に依存しない塑性変形の機構である**転位すべり**（dislocation glide）と拡散クリープの中間的な機構である。すなわち，**図5.6** (a)[1]に示すように，転位の運動が障害物で停止したとき，原子面下端の原子が拡散によりどこかへ移動することで転位が上方に移動する。これを，**転位の上昇運動**と呼ぶ。図 (b) に示すように原子の拡散機構には**転位芯拡散**と**格子拡散**がある。この転位の上昇運動により転位は障害物を乗り越えることができ，それを繰り返すことで**図5.7**に示すようにクリープ変形を生じる[1]。転位の上昇運動が転位芯拡散により律速されるクリープ変形を**低温指数則（べき乗則）クリープ**と呼び，格子拡散により律速されるクリープ変形を**高温指数則（べき乗則）クリープ**と呼ぶ。転位クリープにより変形する場合，定常クリープ速度の応力依存性を示す指数 $n$ は 3〜8 程度の値を示す。

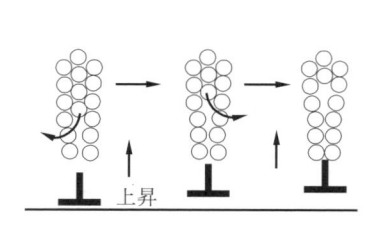

(a) 原子面下端の原子の拡散による転位の上昇運動

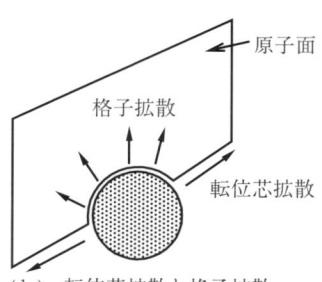

(b) 転位芯拡散と格子拡散

**図5.6**　拡散による転位の上昇運動[1]

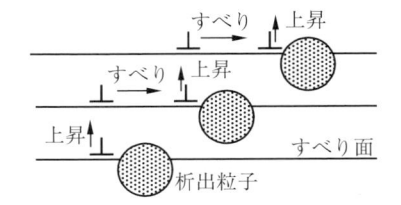

図 5.7 転位の上昇運動の繰返しによるクリープ変形[1]

拡散クリープは，負荷応力と熱エネルギーに誘起された原子の拡散で生じるクリープ変形である。拡散クリープは，**図 5.8** に示すように，結晶粒内での拡散により生じる**格子拡散クリープ**と結晶粒界での拡散で起きる**粒界拡散クリープ**がある[1]。拡散クリープの場合の定常クリープ速度は負荷応力にほぼ比例（$n=1$）し，結晶粒径が大きいほど低下する。これは，結晶粒が大きいほど拡散すべき距離が長くなるためである。

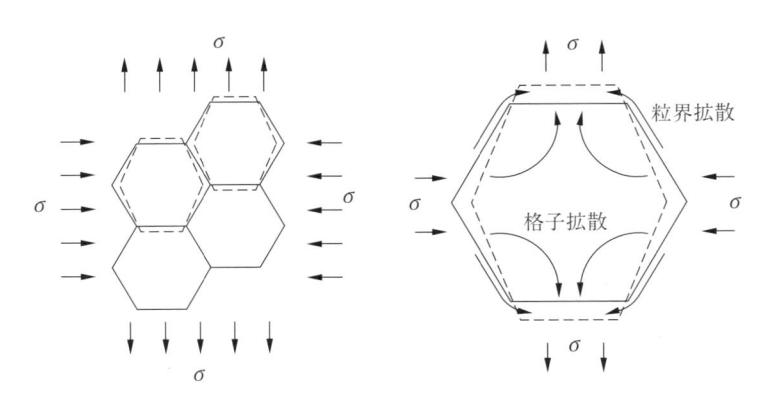

図 5.8 拡散クリープ機構[1]

いずれのクリープ変形機構が支配的となるかは，温度や負荷応力の大きさによって変化するため，それを示す図として**変形機構領域図**（deformation mechanism map）が作成されている。**図 5.9** は H.J. Frost（フロスト）と M.F. Ashby（アッシビー）による変形機構領域図の模式図である[2]。図の縦軸は横弾性係数で無次元化したせん断応力であり，横軸は融点で無次元化した試験温度である。一般に高応力域では転位クリープが支配的であり，低応力域では拡散クリープが支配的となる。拡散クリープの領域において，高温域では格子

*114*   5. 高温強度

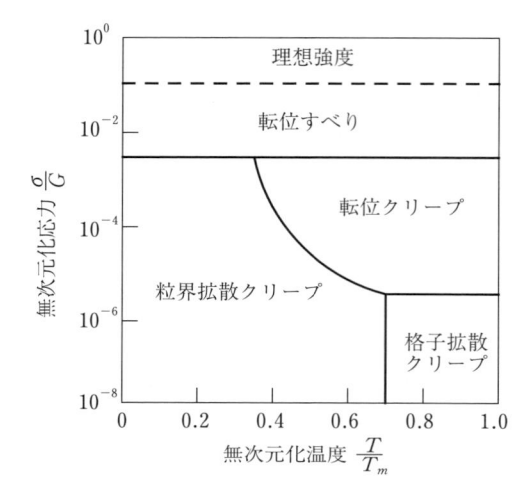

図5.9 変形機構領域図の模式図[2]

拡散が支配的であり，低温域では粒界拡散が支配的である。

## 5.4 クリープ破壊

**クリープ破断試験**（creep rupture test）は，試験片に一定荷重を負荷し，それが破断するまで行われる。**クリープ破断時間**（creep rupture time）は，試験温度と負荷応力に依存して変化する。**図5.10**はSUS304ステンレス鋼のクリープ破断時間$t_r$と応力$\sigma$との関係を整理した**クリープ破断曲線**（creep rup-

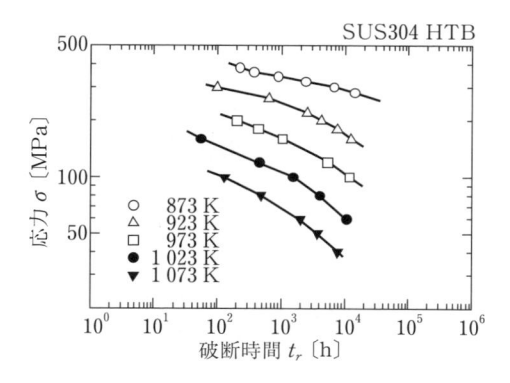

図5.10 クリープ破断曲線（SUS304 HTB）[3]

ture curve) の例を示す[3]。クリープ破断曲線は温度により異なり，クリープ破断時間は負荷応力が大きく，温度が高いほど短寿命となる。

クリープ変形機構と同様，試験温度や負荷応力に依存してクリープ破壊の機構も変化する。一般に，高応力・短寿命域では，結晶粒の内部で破壊する**粒内破壊**（transgranular fracture）を生じ，高温・長寿命域では結晶粒と結晶粒の界面（結晶粒界）で破壊を生じる**粒界破壊**（intergranular fracture）となる。実機で問題となるような長寿命域での粒界破壊の場合，材料のクリープ延性が低下し，ぜい性的に破壊するため注意が必要である。

**図 5.11**に粒界破壊のモデルを示す[4]。図 (a) は結晶粒界のすべりによって生じる粒界破壊の機構を示しており，粒界三重点で生成される**くさび型空洞**（wedge type cavity）や粒界に析出した介在物のまわりや変形によって生じた粒界の段差（レッジ）や**亜粒界**（**副結晶粒界**）に**空洞**（キャビティ）が生成されることを示している。図 (b) には，粒界での空孔の凝集によって粒界介在物周辺や粒界に**空洞**（round type cavity）が生成する機構を示している。

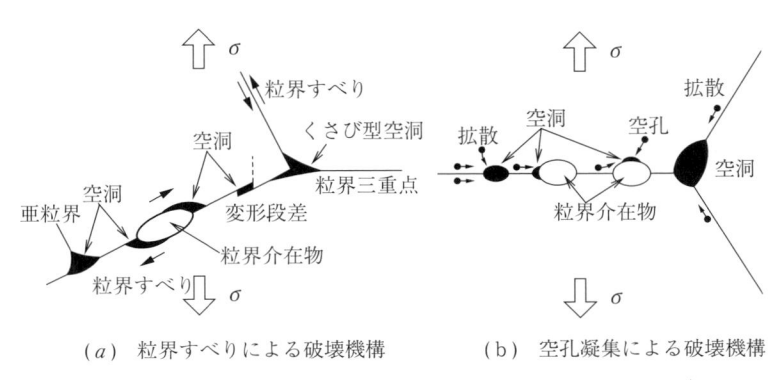

(a) 粒界すべりによる破壊機構　　(b) 空孔凝集による破壊機構

**図 5.11** 高温粒界破壊としてこれまでに提案されているモデル[4]

**図 5.12**にクリープ破壊機構領域図の例を示す[5]。図中，T は粒内クリープ破壊を示し，W はくさび型き裂による破壊，C は粒界炭化物を起点とする粒界キャビティ成長による粒界破壊，S は $\sigma$ 相（Fe と Cr の金属間化合物）界面を起点とする粒界キャビティ成長による破壊を示す。図のように，温度条件

*116*　　5.　高温強度

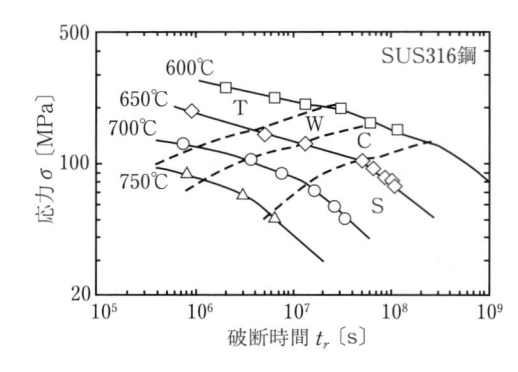

**図 5.12** SUS316 ステンレス鋼の破壊機構の温度および応力による変化[5]

や負荷応力により破壊機構が変化する。このようなクリープ破壊機構の変化はクリープ破断時間を外挿する際に問題となる。

## 5.5　クリープを考慮した設計

　高温条件で使用されるボイラや圧力容器の設計における許容応力の決定には，米国機械学会のボイラ・圧力容器コードが利用されている[6]。そこでは，下記（a）〜（e）の値のうち最小の値を採用することになっている。

（a）　室温における規格引張強さの最小値の 1/4
（b）　各温度における引張強さの 1/4

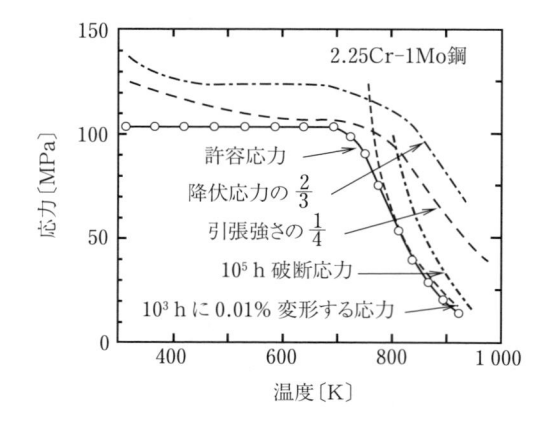

**図 5.13** 2.25Cr-1Mo 鋼の許容応力の温度による変化[4]

（c）　各温度における降伏点の 5/8

（d）　各温度で $10^5$ 時間後 1％のひずみを生じる応力

（e）　各温度での $10^5$ 時間で破断する応力の 67％，または最小値の 80％

**図 5.13** は 2.25Cr-1Mo 鋼の例を示す[4]。図のように，700 K 以下の温度域では（a）～（c）の引張試験結果で規定されるが，それ以上の温度域では，（d），（e）のような長時間のクリープ性質によって許容応力が規定される。

**例題 5.3**　室温での引張強さが 600 MPa の耐熱材料の 823 K での降伏応力は 200 MPa，引張強さは 400 MPa，$10^5$ 時間で 1％のひずみが生じる応力は 70 MPa，$10^5$ 時間でクリープ破断を生じる応力は 85 MPa である。この材料を 823 K で使用する場合の許容応力はいくらか。

**【解答】**　米国機械学会のボイラ・圧力容器コードより，各基準に対する許容応力は下記となる。

（a）　室温における規格引張強さの最小値の 1/4　　　：150 MPa
（b）　823 K における引張強さの 1/4　　　　　　　　：100 MPa
（c）　823 K における降伏点の 5/8　　　　　　　　　：125 MPa
（d）　823 K で $10^5$ 時間後 1％のひずみを生じる応力　：70 MPa
（e）　823 K での $10^5$ 時間で破断する応力の 67％　　：57 MPa

よって，許容応力は上記（a）～（e）の最小値である 57 MPa となる。

## 5.6　クリープ破断時間の推定

高温構造物を設計する際には，使用温度条件で使用期間に近い長時間までのデータを含んだクリープ破断曲線を利用することが望ましい。しかし，実際の高温構造物の実働条件のような長時間の実験データを得ることは経済的にも容易ではない。このため，通常 $10^3$ 時間程度の短時間のクリープ破断データから $10^5$ 時間程度の長時間のクリープ破断強度を推定する方法がとられている。クリープ破断強度の推定には，異なる温度条件でのクリープ破断データを統一的に整理するための温度-時間パラメータが用いられる。代表的な温度-時間パラ

メータに，次式で求められる**ラーソン・ミラーパラメータ**（Larson-Miller parameter）$LMP$ がある。

$$LMP = T(C + \log t_r) \tag{5.4}$$

ここで $T$ は絶対温度 [K]，$t_r$ はクリープ破断時間 [h]，$C$ は材料定数である。定数 $C$ の値は，**図 5.14** に示すように，クリープ破断時間と試験温度の逆数との関係の切片として決定され，耐熱鋼では 20 前後の値となる場合が多い。

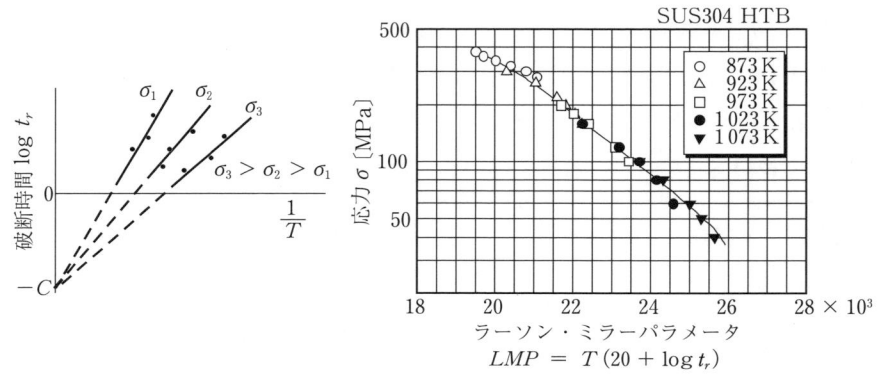

**図 5.14** ラーソン・ミラーパラメータの定数 $C$ の決定方法

**図 5.15** ラーソン・ミラーパラメータによって整理したクリープ破断曲線

**図 5.10** に示したクリープ破断曲線を，ラーソン・ミラーパラメータで整理した結果を**図 5.15** に示す。図より，ラーソン・ミラーパラメータを用いることにより試験温度の異なるクリープ破断寿命を統一的に整理できることがわかる。本線図を用いることで，任意の温度条件でのクリープ破断寿命を推定することができる。すなわち，実験室での高温・短時間の実験結果から，実機のようなより低温長時間のクリープ破断時間を推定することができる。なお，破断時間の外挿は誤差を生じるため，ISO では精度よく外挿できるのは，最長試験時間の 3 倍までとし，10 倍を超えた外挿を避けるよう制限されている。しかしながら，実際には 10 倍を超えた外挿が行われることも多い。クリープ変形機構や破壊機構が異なる条件までの外挿は誤差が大きくなるため避けることが望ましい。

**例題 5.4** 図 5.15 に示す SUS304 鋼のクリープ試験で得られた応力とラーソン・ミラーパラメータ $LMP$ の関係を用いて以下の問に答えよ。

（1）温度 973 K，応力 70 MPa でのクリープ破断寿命を推定せよ。

（2）応力 70 MPa で温度が 1 023 K となった場合のクリープ破断寿命は，温度 973 K の場合のそれの何 % となるか。

（3）温度 940 K において $10^5$ 時間でクリープ破断を生じる応力を求めよ。

（4）温度 940 K から 50 K 温度が上昇し，990 K となった場合，$10^5$ 時間でクリープ破断を生じる応力はいくらになるか。

【解答】

（1）図 5.15 より応力 70 MPa に対するラーソン・ミラーパラメータは $LMP = 24.5 \times 10^3$ となる。式 (5.4) より，クリープ破断寿命は下記となる。

$$\log t_r = \frac{LMP}{T} - C = \frac{24.5 \times 10^3}{973} - 20 = 5.18$$

$t_r = 151\,356\,\mathrm{h}$

（2）式 (5.4) より，クリープ破断寿命は下記となる。

$$\log t_r = \frac{LMP}{T} - C = \frac{24.5 \times 10^3}{1\,023} - 20 = 3.95$$

よってクリープ破断時間は 8 913 時間となり，973 K の場合の 5.89 % となる。

（3）ラーソン・ミラーパラメータは次式より $23.5 \times 10^3$ となる。

$$LMP = 940(20 + \log 10^5) = 23.5 \times 10^3$$

図 5.15 より，100 MPa となる。

（4）（3）と同様にラーソン・ミラーパラメータは $24.8 \times 10^3$ となる。図 5.15 より，60 MPa となる。 ◇

## 5.7 高温疲労

高温環境下で使用される機械・構造物も室温下と同様，繰返し荷重を受ける。例えば，タービン翼などの振動応力や回転軸に作用する機械的な繰返し曲げ応力や起動・停止や出力変動による温度変動に伴う熱応力が挙げられる。

図 5.16 に広範囲の繰返し速度で疲労試験を行った結果得られた疲労寿命

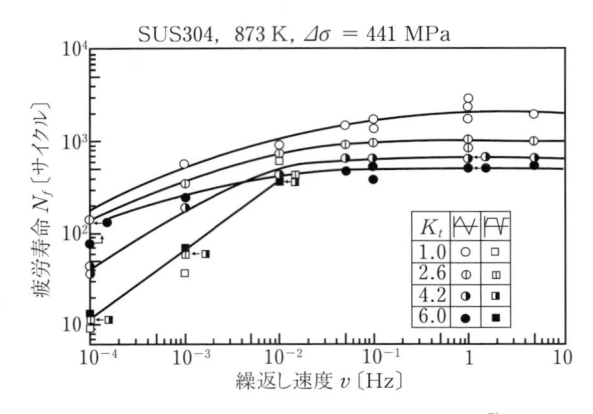

図 **5.16** 疲労寿命と繰返し速度との関係[7]

$N_f$ と繰返し速度 $v$ との関係を示す[7]。図より，繰返し速度が速い領域 ($0.1\,\mathrm{Hz} < v < 5\,\mathrm{Hz}$) では，疲労寿命はほぼ一定となっていることがわかる。すなわち，繰返し速度に依存せず，ある繰返し数に達したときに破壊するという繰返し数依存の疲労破壊となっている。三角波での $10^{-4}\,\mathrm{Hz} < v < 0.1\,\mathrm{Hz}$ では，繰返し速度の減少に伴い疲労寿命が減少しており，台形波での $10^{-4}\,\mathrm{Hz} < v < 10^{-2}\,\mathrm{Hz}$ では，疲労寿命と周波数の関係が両対数グラフで直線関係を示している。台形波における疲労寿命と周波数の関係のその傾きは 0.77 であり，ほぼ時間依存の破壊を生じていることがわかる。このように，高温環境下では，負荷速度や負荷波形によりクリープの影響を受け疲労寿命が低下する場合がある。クリープの影響により疲労寿命が低下する現象を**クリープ・疲労相互作用**と呼び，高温環境下ではそれを考慮した疲労寿命評価が必要となる。すなわち，高温環境下での疲労は，クリープの影響のない疲労とクリープの影響を受ける疲労に分けられる。クリープの影響を受けない疲労は，弾性変形が大部分を占める**高サイクル疲労**と，塑性変形を伴い比較的少ない繰返し数（〜$10^5$ 回程度）で破壊する**低サイクル疲労**に分けられる。高サイクル疲労の取扱いは，室温条件下の場合と同様である。低サイクル疲労とクリープの影響を受ける場合の疲労（クリープ・疲労）寿命の評価法については次節以降で紹介する。

## 5.8 高温低サイクル疲労

低サイクル疲労試験中の応力-ひずみ関係は図 **5.17** のような**ヒステリシスループ**（hysteresis loop）を描く。ここで，ループ両端間のひずみ幅を**全ひずみ範囲**（total strain range）$\Delta\varepsilon_t$ と呼ぶ。全ひずみ範囲は，**弾性ひずみ範囲**（elastic strain range）$\Delta\varepsilon_e$ と**塑性ひずみ範囲**（plastic strain range）$\Delta\varepsilon_p$ に分けることができる。ループ両端間の応力の幅を**応力範囲**(stress range)$\Delta\sigma$ と呼び，**応力振幅**（stress amplitude）$\sigma_a$ は応力範囲 $\Delta\sigma$ の1/2（$\sigma_a = \Delta\sigma/2$）である。

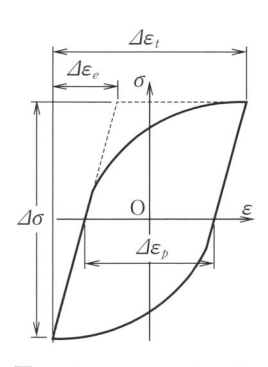

**図 5.17** ヒステリシスループの模式図

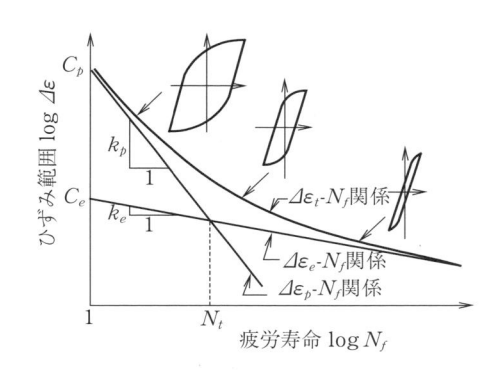

**図 5.18** ひずみ範囲と疲労寿命との関係

疲労試験で得られた，ひずみ範囲と疲労寿命 $N_f$ の関係を図 **5.18** に示す。弾性ひずみ範囲および塑性ひずみ範囲と疲労寿命との間には両対数グラフ上で直線関係（指数則）が成立し，両者の交点の寿命を**遷移疲労寿命**（transition fatigue life）$N_t$ と呼ぶ。各ひずみ範囲と寿命との間には次式の関係が成立する。

$$\left.\begin{array}{l}\Delta\varepsilon_e N_f^{k_e} = C_e \\ \Delta\varepsilon_p N_f^{k_p} = C_p\end{array}\right\} \quad (5.5)$$

$k_e$ と $k_p$ は**図 5.18** に示す直線の傾きに対応し，$C_e$ と $C_p$ は切片（$N_f = 1$ のときの $\Delta\varepsilon_e, \Delta\varepsilon_p$ の値）に対応する。ここで，$C_e$ と $C_p$ はそれぞれ引張強さ $\sigma_B$ や**真破断ひずみ** $\varepsilon_f$ に関係する材料定数である。

式 (5.5) から次式が得られる。

$$\Delta\varepsilon_t = \Delta\varepsilon_e + \Delta\varepsilon_p = C_e N_f^{-k_e} + C_p N_f^{-k_p} \tag{5.6}$$

Manson（マンソン）は上式の具体的な形として**共通勾配法**（universal slope rule）に基づく次式を提案している。

$$\Delta\varepsilon_t = \frac{3.5\sigma_B}{E} N_f^{-0.12} + \varepsilon_f^{0.6} N_f^{-0.6} \tag{5.7}$$

ここで，$\sigma_B$ は引張強さ，$E$ は縦弾性係数，$\varepsilon_f$ は真破断ひずみ（$\varepsilon_f = \ln\{1/(1-\phi)\}$，$\phi$ は絞り）を示す。この式は，弾性ひずみが支配的な高サイクル疲労強度は引張強さの影響が大きく，塑性ひずみの割合が大きい低サイクル疲労領域は破断延性の影響が大きいことを示している。

---

**例題 5.5** 高温低サイクル疲労試験を行った結果，全ひずみ範囲 $\Delta\varepsilon_t = 0.012$，応力範囲 $\Delta\sigma = 600\,\mathrm{MPa}$ であった。本材料の試験温度における縦弾性係数を $E = 150\,\mathrm{GPa}$，塑性ひずみ範囲と疲労寿命の関係の係数および指数の値がそれぞれ $C_p = 2.02$，$K_p = 0.813$ とした場合の疲労寿命を求めよ。

---

【解答】 応力-ひずみ関係より，弾性ひずみ範囲 $\Delta\varepsilon_e$ と塑性ひずみ範囲 $\Delta\varepsilon_p$ はつぎのようになる。

$$\Delta\varepsilon_e = \frac{\Delta\sigma}{E} = \frac{600}{150 \times 10^3} = 0.004$$

$$\Delta\varepsilon_p = \Delta\varepsilon_t - \Delta\varepsilon_e = 0.012 - 0.004 = 0.008$$

上記の値を式 (5.5) に代入するとつぎのようになる。

$$N_f = \left(\frac{C_p}{\Delta\varepsilon_p}\right)^{1/k_p} = \left(\frac{2.02}{0.008}\right)^{1/0.813} = 901$$

よって，$N_f = 901$ 回となる。 ◇

## 5.9 クリープ・疲労寿命評価

**5.7**節で述べたように,クリープの影響により疲労寿命が低下する現象をクリープ・疲労相互作用と呼び,高温環境下ではそれを考慮した疲労寿命評価が必要となる。クリープ・疲労相互作用を考慮した代表的な寿命評価方法として**線形損傷則**と**ひずみ範囲分割法**がある。

### 5.9.1 線形損傷則

材料に生じる損傷を**疲労損傷**(fatigue damage)$\phi_f$と**クリープ損傷**(creep damage)$\phi_c$に分けて考え,両者の和が1になったときに破損が生じるとする考え方が線形損傷則である。

$$\phi_f + \phi_c = 1 \tag{5.8}$$

疲労損傷$\phi_f$はひずみ範囲$\Delta\varepsilon_i$または応力振幅$\sigma_a$が繰り返される繰返し数を$n_i$とし,対応する疲労寿命を$N_{fi}$とした場合に次式で評価される。

$$\phi_f = \sum_i \frac{n_i}{N_{fi}} \tag{5.9}$$

クリープ損傷$\phi_c$は,応力$\sigma_i$の保持時間を$t_i$,応力$\sigma_i$が一定応力として作用したときのクリープ破断寿命を$t_{ri}$とした場合,次式で評価される。

$$\phi_c = \sum_i \frac{t_i}{t_{ri}} \tag{5.10}$$

実際の設計においては1以下のクリープ・疲労損傷の許容値$D$を設定し,次式の条件が要求される。

$$\phi_f + \phi_c \leq D \tag{5.11}$$

米国機械学会のボイラ・圧力容器コード Case N-47 の場合,**図5.19**に示すクリープ・疲労損傷線図により$D$の値が設定されている。線形損傷則は取扱いが簡単なため広く利用されているが,材料や条件により$D$の値が異なるため注意が必要である。

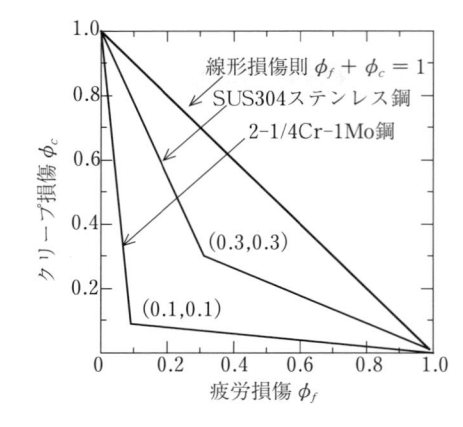

**図 5.19** クリープ・疲労損傷線図[6)]

### 5.9.2 ひずみ範囲分割法

　高温環境下で材料に生じるひずみは，弾性ひずみと非弾性ひずみに分けることができ，さらに非弾性ひずみは変形の方向（引張りか圧縮か）と種類（時間に依存しない塑性ひずみとクリープひずみ）によって4種類に分けることができる。**図 5.20** にそれぞれのタイプのヒステリシスループの模式図を示す[8)]。図 ($a$) は引張行程，圧縮行程ともに時間に依存しない塑性変形の場合のヒステリシスループを示し，図 ($b$) は引張行程が時間に依存しない塑性変形で圧縮行程がクリープ変形の場合を示し，図 ($c$) は引張行程がクリープ変形で圧縮行程が時間に依存しない塑性変形の場合を示し，図 ($d$) は引張行程，圧縮行程ともにクリープ変形の場合のヒステリシスループを示す．それぞれのタイプの非弾性ひずみ範囲に対して次式の関係が成立する。

$$\left.\begin{aligned}\Delta\varepsilon_{pp} &= A_{pp}N_{pp}^{-m_{pp}}\\ \Delta\varepsilon_{pc} &= A_{pc}N_{pc}^{-m_{pc}}\\ \Delta\varepsilon_{cp} &= A_{cp}N_{cp}^{-m_{cp}}\\ \Delta\varepsilon_{cc} &= A_{cc}N_{cc}^{-m_{cc}}\end{aligned}\right\} \quad (5.12)$$

代表的な耐熱鋼に対して得られているひずみ範囲分割法の係数および指数の値を**表 5.2** に示す[8)]。

　一般的なひずみ波形の疲労寿命を評価する場合，**図 5.21** に示すように，引

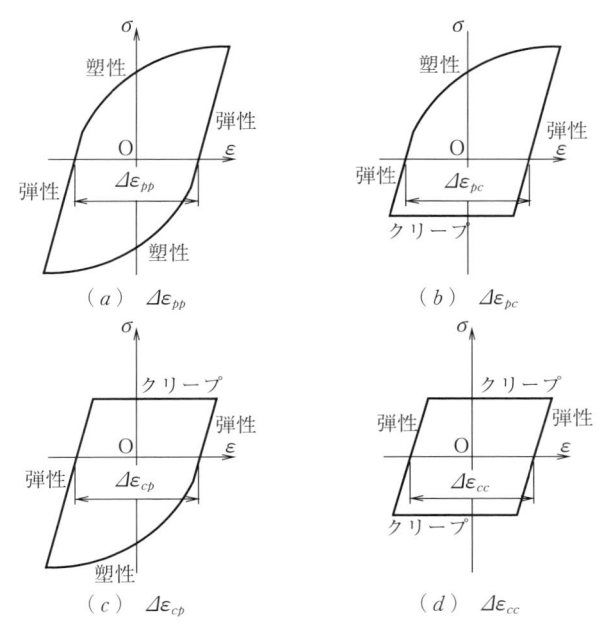

図 5.20  4種類の基本的な繰返し非弾性変形[7]

表 5.2  代表的な耐熱材料のひずみ範囲分割法の材料定数[8]

| 材料 | 温度〔K〕 | $A_{pp}$ | $m_{pp}$ | $A_{pc}$ | $m_{pc}$ | $A_{cp}$ | $m_{cp}$ | $A_{cc}$ | $m_{cc}$ |
|---|---|---|---|---|---|---|---|---|---|
| SUS304鋼 | 973 | 1.03 | 0.694 | 2.33 | 0.885 | 0.444 | 0.806 | 3.04 | 0.980 |
| SUS316鋼 | 973 | 0.415 | 0.585 | 1.564 | 0.845 | 0.114 | 0.581 | 1.144 | 0.800 |
| SUS321鋼 | 923 | 1.343 | 0.755 | 2.736 | 1.000 | 0.8273 | 1.000 | 0.8273 | 1.000 |
| 1.25Cr–0.5Mo鋼 | 811 | 1.917 | 0.764 | 0.8454 | 0.715 | 0.9717 | 0.829 | 6.194 | 1.000 |
| 2.25Cr–1Mo鋼 | 823 | 2.02 | 0.813 | 11.4 | 1.07 | 1.49 | 0.962 | 6.03 | 0.990 |
| 2.25Cr–1Mo鋼 | 873 | 1.273 | 0.756 | 3.616 | 0.930 | 0.416 | 0.671 | 1.100 | 0.791 |
| Mod.9Cr–1Mo鋼 | 873 | 1.24 | 0.699 | 2.64 | 0.926 | 0.454 | 0.690 | 2.84 | 0.870 |
| Rene'80 | 1273 | 0.062 | 0.51 | 0.116 | 0.64 | 0.034 | 0.45 | 0.051 | 0.49 |

(a) 一般的非弾性変形におけるヒステリシスループの模式図
(b) 4種類の非弾性ひずみの求め方

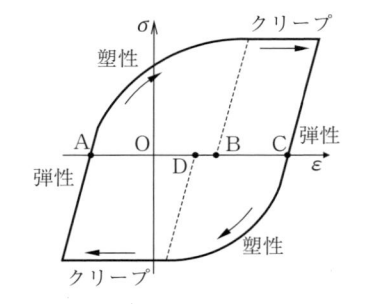

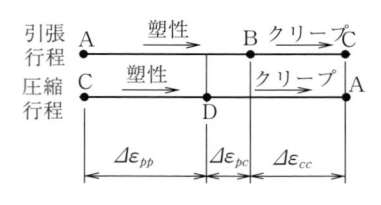

**図 5.21** 一般的な非弾性変形におけるヒステリシスループと4種類の非弾性ひずみの求め方

張側と圧縮側それぞれで非弾性ひずみを時間に依存しない塑性ひずみとクリープひずみに分け，図 ($b$) に示すように $\Delta\varepsilon_{pp}, \Delta\varepsilon_{cc}, \Delta\varepsilon_{pc}$（または $\Delta\varepsilon_{cp}$）に分ける。得られた各ひずみ成分を式 (5.12) に代入し $N_{pp}, N_{cc}, N_{pc}$（または $N_{cp}$）を求め，それらを次式に代入することで疲労寿命を推定する方法である。

$$\frac{1}{N_f} = \frac{1}{N_{fpp}} + \frac{1}{N_{fpc}} + \frac{1}{N_{fcp}} + \frac{1}{N_{fcc}} \tag{5.13}$$

ひずみ範囲分割法は，式 (5.12) の関係が試験温度の影響をあまり受けないことから利用範囲が広く，実機稼働条件でのひずみ範囲を $\Delta\varepsilon_{pp}, \Delta\varepsilon_{cc}, \Delta\varepsilon_{pc}$（または $\Delta\varepsilon_{cp}$）に分けることができれば有用な方法である。

---

**例題 5.6** SUS304 鋼の試験片に温度 973 K で図 5.21 のような繰返し負荷を与え寿命の 1/2 の繰返し数でのヒステリシスループからつぎの値が得られた。表 5.2 に示したひずみ範囲分割法の材料定数を用いて，このクリープ・疲労条件下での疲労寿命を計算せよ。

$\Delta\varepsilon_{pp} = 0.0119, \quad \Delta\varepsilon_{cp} = 0.00095, \quad \Delta\varepsilon_{cc} = 0.0095$

---

**【解答】** 式 (5.12) より，各ひずみ範囲に対する疲労寿命はつぎのようになる。

$$N_{pp} = \left(\frac{1.03}{0.0119}\right)^{1/0.694} = 619$$

$$N_{cp} = \left(\frac{0.444}{0.000\,95}\right)^{1/0.806} = 2\,052$$

$$N_{cc} = \left(\frac{3.04}{0.009\,5}\right)^{1/0.980} = 360$$

上記の値を式 (5.20) に代入するとつぎのようになる。

$$\frac{1}{N_f} = \frac{1}{619} + \frac{1}{2\,052} + \frac{1}{360}$$

よって，$N_f = 205$ 回となる。 ◇

## 演 習 問 題

【1】 クリープ試験により**問表 5.1** に示すデータを得た。クリープ曲線を描き，定常クリープひずみ速度を求めよ。

**問表 5.1**

| $t$〔h〕 | 0 | 10 | 20 | 50 | 100 | 150 | 200 | 220 | 250 |
|---|---|---|---|---|---|---|---|---|---|
| $\varepsilon$〔%〕 | 0.2 | 0.45 | 0.50 | 0.65 | 0.90 | 1.15 | 1.50 | 1.90 | 3.00 |

【2】 定常クリープひずみ速度と応力および試験温度との間に式 (5.3) の関係があり，定常クリープひずみ速度とクリープ破断寿命との間に次式の関係があるとして以下の問に答えよ。

なお，$Q = 350\,\text{kJ/mol}$，$n = 5$，$R = 8.31\,\text{J/(mol·K)}$ とする。

$$\dot{\varepsilon}_s t_r = \text{一定}$$

(1) 温度 $T_1 = 973\,\text{K}$, 応力 $\sigma = 100\,\text{MPa}$ における定常クリープひずみ速度が $0.005\%/\text{h}$ であった。$T_2 = 1\,073\,\text{K}$，$\sigma = 100\,\text{MPa}$ の場合の定常クリープひずみ速度を求めよ。

(2) 応力 $\sigma = 100\,\text{MPa}$ において，温度 $T_2 = 1\,073\,\text{K}$ でのクリープ破断寿命 $t_{r2}$ は $T_1 = 973\,\text{K}$ のときのクリープ破断寿命 $t_{r1}$ の何%となるか。

【3】 応力 $\sigma = 150\,\text{MPa}$ の下，温度 $T_1 = 1\,090\,\text{K}$ と $T_2 = 1\,200\,\text{K}$ でクリープ試験を行った結果，以下の定常クリープひずみ速度を得た。クリープ指数 $n = 8.5$ とした場合，$T = 1\,250\,\text{K}$，$\sigma = 80\,\text{MPa}$ でのクリープひずみ速度を求めよ。

$T_1 = 1\,090\,\text{K}$ で $\dot{\varepsilon}_{s1} = 6.6 \times 10^{-4}\,\text{h}^{-1}$

$T_2 = 1\,200\,\text{K}$ で $\dot{\varepsilon}_{s2} = 8.8 \times 10^{-2}\,\text{h}^{-1}$

【4】 図 5.15 に示す SUS304 鋼のクリープ応力とラーソン・ミラーパラメータ $LMP$ の関係を用いて以下の問に答えよ。
 （1） 温度 973 K，応力 60 MPa でのクリープ破断寿命を推定せよ。
 （2） 応力 60 MPa において，温度が 973 K から 100 K 上昇して 1 073 K となった場合，クリープ破断寿命は何％となるか。
 （3） 温度 970 K において $10^5$ 時間でクリープ破断を生じる応力を求めよ。

【5】 低サイクル疲労試験を行った結果，全ひずみ範囲 $\Delta\varepsilon_t = 0.015$，応力範囲 $\Delta\sigma = 600$ MPa であった。本材料の試験温度における縦弾性係数を $E = 150$ GPa，塑性ひずみ範囲と疲労寿命の関係の係数および指数の値がそれぞれ $C_p = 1.03$，$K_p = 0.694$ とした場合の疲労寿命を求めよ。

【6】 2.25Cr-1Mo 鋼の試験片に温度 823 K で図 5.21 のような繰返し負荷を与え寿命の 1/2 の繰返し数でのヒステリシスループからつぎの値が得られた。表 5.2 に示したひずみ範囲分割法の材料定数を用いて，このクリープ・疲労条件下での疲労寿命を計算せよ。

$\Delta\varepsilon_{pp} = 0.012\,0$, $\quad \Delta\varepsilon_{cp} = 0.000\,95$, $\quad \Delta\varepsilon_{cc} = 0.008\,5$

# 6

# 材料強度の統計的性質

　前章までに示したように，機械・構造物の破壊には即時破壊，疲労破壊，クリープ破壊などさまざまなモードが存在し，機械・構造物の強度や寿命は種々の因子の影響を受けて「ばらつき」を有する。加えて，用いる材料自体の強度や寿命にも「ばらつき」の存在することが知られており，機械・構造物の設計に際しては強度や寿命の分布特性を定量的に把握する必要がある。これらの観点から，これまでに機械・構造物の強度の信頼性を扱った単行本[1]～[7]や各種材料強度の分布特性を体系的に整理・解説した単行本[8]が刊行されている。また，材料強度の統計的変動は材料の本質的な部分と考えられることから，確率論的に現象をモデル化する研究も数多く行われ，これらを整理・解説した連載講座[9]もまとめられている。詳しくは上記の単行本・連載講座にまとめられていることから，本章では，材料強度の統計的取扱いに必要な確率統計論および信頼性工学的取扱いの基礎を説明するとともに，金属材料疲労強度データベース[10]を用いた大標本の解析例について紹介する。

## *6.1* 確率変数，確率密度関数，分布関数

　サイコロを振ったときに出る目の数やコインを複数回投げ上げたときに表が出る回数などは確定値ではなく，ある確率法則によって決まる変数である。材料の引張強さや疲労寿命も，同一ロットの素材から試験片の加工や熱処理などを注意深く行い，さらに人為的要因や機器由来の誤差を生じないようにいくら注意深く実験を行ったとしても，引張強さや疲労寿命の測定値は確定量ではなく，材料固有のばらつきをもった変数である。変数 $X$ の測定値が確定量ではなく，ある範囲内の値をとり，その値をとる確率 $P(x)$ が定義されるとき，こ

の変数 $X$ を**確率変数**（random variable）という。

確率変数 $X$ がその定義域内の値 $x$ に対し，事象 $X \leq x$ が起きる確率 $P(X \leq x)$ を用いて変数 $X$ の**分布関数**（distribution function）$F(x)$ は次式のように定義される。

$$F(x) = P(X \leq x) \tag{6.1}$$

分布関数 $F(x)$ は $X$ の非減少関数であり，$0 \leq F(x) \leq 1$ の値をとる。この分布関数 $F(x)$ が微分可能であるとき，$X$ の**確率密度関数**（probability density function）$f(x)$ は次式で定義される。

$$f(x) = \frac{dF(x)}{dx} \tag{6.2}$$

確率変数 $X$ が $x$ と $x + dx$ の範囲内の値をとる確率は $f(x)dx$ であり

$$\left. \begin{array}{l} P(a < X \leq b) = \int_a^b f(x)dx = F(b) - F(a) \\ \int_{-\infty}^{\infty} f(x)dx = 1 \end{array} \right\} \tag{6.3}$$

を満たす。

**図 6.1** は分布関数と確率密度関数の関係を示したもので，式 (6.3) の第 2

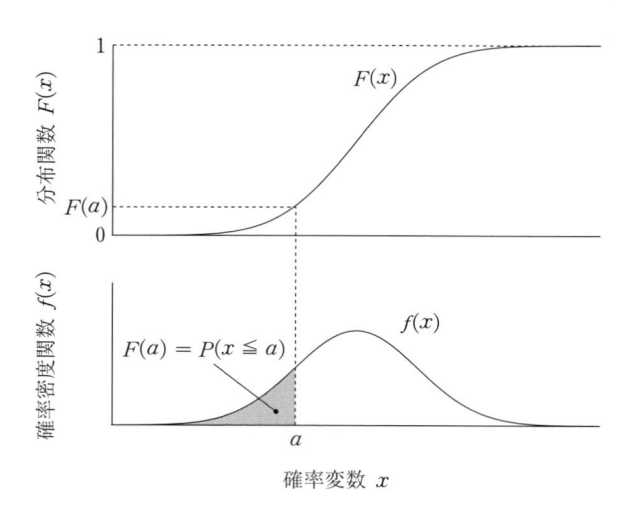

**図 6.1** 分布関数と確率密度関数

式からもわかるように，確率密度関数 $f(x)$ の下側の面積は 1 である。

引張強さや疲労寿命は，人間の身長などと同様，ある範囲内の実数値を連続的にとる確率変数であり，このような確率変数 $X$ は**連続分布**（continuous distribution）をなす。これに対し，サイコロを振ったときに出る目の数や複数回コインを投げ上げたときに表が出る回数などの場合，確率変数 $X$ は正の整数の値のみをとる。このような確率変数 $X$ は**離散分布**（discrete distribution）をなす。

連続分布において $P(X \leqq x)$ および $P(X > x)$ をそれぞれ $x$ に対する**下側確率**（lower probability）および**上側確率**（upper probability）という。特に，下側確率は**累積確率**（cumulative probability）ともいう。与えられた上側（または下側）確率に対応する $x$ のことを，その上側（または下側）確率に対する**パーセント点**（percentile point）という。すなわち，**図 6.1** の確率密度関数の薄墨部分が $a$ に対する下側確率 $P(X \leqq a)$ あるいは累積確率 $F(a)$ であり，累積確率 $F(a)$ に対するパーセント点が $a$ である。

## 6.2　信頼度，故障率

信頼性に関する用語を規定した JIS Z 8115[11)] では，**信頼性**（reliability）は「アイテムが与えられた条件の下で，与えられた期間，要求機能を遂行できる能力」と定義され，**信頼度**（reliability）は「アイテムが与えられた条件の下で，与えられた時間間隔 $(t_1, t_2)$ に対して，要求機能を実行できる確率」と定義されている。信頼性も信頼度も英語では同じ「reliability」という単語で表されるが，定性的な意味をもつ「信頼性」に対し，「信頼度」は信頼性を定量的に評価する指数として，規定の期間中に故障しない確率で表現される。

ここで，**アイテム**（item）とは「部品，構成品，デバイス，装置，機能ユニット，機器，サブシステム，システムなどの総称またはいずれか。」と JIS[11)] で定義され，ハードウェア，ソフトウェア，または両方から編成されるものである。

アイテムの故障寿命 $t$ を確率変数とみなすとき，式 (6.1) の分布関数 $F(t)$ は時間 $t$ までにアイテムが故障や破損を生じる累積確率を表すことから，**故障分布関数**（failure distribution function）あるいは**不信頼度関数**（unreliability function）とも呼ばれる．このとき，信頼度 $R(t)$ は

$$R(t) = 1 - F(t) \qquad (6.4)$$

で表され，分布関数 $F(t)$ と信頼度 $R(t)$ の関係を**図 6.2** に示す．なお，信頼度 $R(t)$ は**信頼度関数**（reliability function）ともいう．

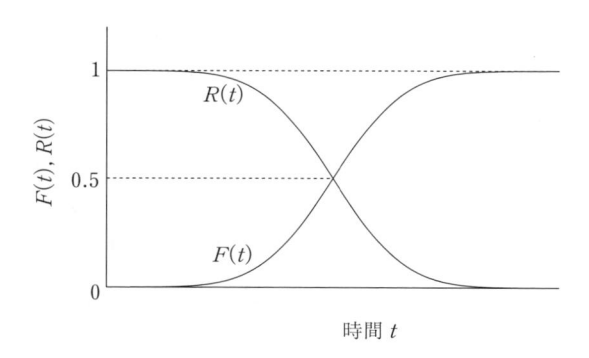

**図 6.2** 分布関数と信頼度の関係

また，確率密度関数 $f(t)$ とはつぎの関係がある．

$$R(t) = \int_t^\infty f(t)\, dt \qquad (6.5)$$

$$f(t) = -\frac{dR(t)}{dt} = \frac{dF(t)}{dt} \qquad (6.6)$$

**故障率**（failure rate）は JIS[11)] で「当該時点でアイテムが可動状態にあるという条件を満たすアイテムの当該時点での単位時間当りの故障発生率」と定義されている．これはアイテムの寿命が $t$ 以上である（$P(X > t) = 1 - F(t) = R(t)$）という条件の下で，つぎの時間間隔 $(t, t + \Delta t)$ の間に故障する条件付確率を区間幅 $\Delta t$ で除し，$\Delta t$ をゼロに近づけたときの値を意味する．

事象 $A$ が他の事象 $B$ に影響を受けるとき，すなわち，事象 $B$ が起きたという条件の下で事象 $A$ が起きる確率を**条件付確率**という．条件付確率は

$P(A|B)$ と表され，この確率は $P(A|B) = P(A \cap B)/P(B)$ で求めることができる．ここで，記号 $\cap$ は事象 $A$ と事象 $B$ が両方起こる積集合を意味し，$P(A \cap B)$ は事象 $A, B$ が両方とも生じる確率である．

したがって，故障率を $h(t)$ と表すと

$$h(t) = \lim_{\Delta t \to 0} \frac{1}{\Delta t} \frac{P((t < X \leq t + \Delta t) \cap ((X > t))}{P(X > t)}$$

$$= \lim_{\Delta t \to 0} \frac{1}{\Delta t} \frac{F(t + \Delta t) - F(t)}{1 - F(t)}$$

$$= \frac{dF(t)}{dt} \frac{1}{1 - F(t)} = \frac{f(t)}{1 - F(t)} \quad (6.7)$$

となり[7]，式 (6.6) より $f(t) = -dR(t)/dt$ であるから，つぎの関係が得られる．

$$h(t) = \frac{f(t)}{1 - F(t)} = \frac{f(t)}{R(t)} = -\frac{1}{R(t)} \frac{dR(t)}{dt} = -\frac{d(\ln R(t))}{dt} \quad (6.8)$$

式 (6.8) を積分すると次式が得られ，$h(t)$ の関数形（確率分布）が求まれば，信頼度 $R(t)$ は計算で求めることができる．

$$R(t) = \exp\left\{-\int_0^t h(t)\, dt\right\} \quad (6.9)$$

故障率の時間に対する関係は，システムや要素だけでなく，人間の寿命などに対しても，一般に，**5** 章の**図 5.2**(b) に示されているクリープひずみ速度曲線のような形を示し，この曲線は浴槽の形に似ていることから**バスタブ曲線**（bathtub curve）と呼ばれる．

第 1 期の故障は**初期故障**（early failure）と呼ばれ，設計の不具合や不良品の混入などにより故障が生じる期間であり，予備運転などの検査過程を経ることによって故障率は低下する．第 2 期の故障は**偶発故障**（random failure）と呼ばれ，予測しない過大負荷などによる故障が生じる期間であり，故障率は一定で最小値をとる．第 3 期の故障は**摩耗故障**（wear-out failure）と呼ばれ，要素の摩耗や疲労などの経年劣化による故障が加わり，故障率は時間とともに増加する．これらの領域における故障率と確率分布との関係は，例えば，文献

4), 7) に説明されている。

## 6.3 直列系と並列系の信頼度

相互作用をもたない複数の要素からなるシステムの信頼度を考える際，最も単純なモデルが**直列系**（series system）と**並列系**（parallel system）と呼ばれるものであり，材料強度の分野においても各種強度を考える際の基本的な概念として知られている。

直列系は，図 6.3 ($a$) に示すように，$n$ 個の要素 $E_1, E_2, \cdots, E_n$ が直列につながったものであり，$n$ 個の要素のどれか一つでも故障した場合には全体が故障するというモデルである。時間 $t$ 経過後における各要素の信頼度を $R_1(t)$, $R_2(t), \cdots, R_n(t)$ とすると，この時間内でこの系が故障しない確率は，すべての要素が故障しない確率で与えられることから，$n$ 個の要素から構成されるこの系の信頼度 $R(t)$ は次式で与えられる。

$$R(t) = \prod_{i=1}^{n} R_i(t) = R_1(t) \times R_2(t) \times \cdots \times R_n(t) \tag{6.10}$$

並列系は，図 6.3 ($b$) に示すように，$n$ 個の要素 $E_1, E_2, \cdots, E_n$ が並列に配

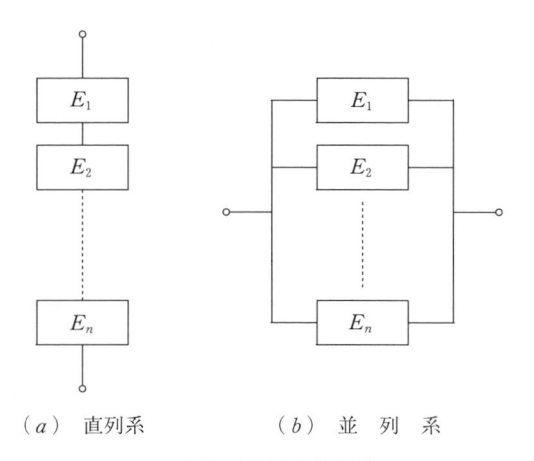

($a$) 直列系　　　($b$) 並列系

**図 6.3** 直列系と並列系

置されたものであり，故障はすべての要素が故障したときに系が故障するというモデルである．並列系は系全体の信頼性を高める**冗長**（redundancy）**系**として用いられる．各要素の不信頼度を $F_1(t), F_2(t), \cdots, F_n(t)$ とすると，$n$ 個の要素から構成される系の不信頼度は

$$F(t) = \prod_{i=1}^{n} F_i(t) = \prod_{i=1}^{n} \{1 - R_i(t)\} \tag{6.11}$$

で与えられるから，系の信頼度は次式で与えられる．

$$R(t) = 1 - \prod_{i=1}^{n} \{1 - R_i(t)\} \tag{6.12}$$

**例題 6.1** 3個の要素から構成される直列系および並列系の信頼度 $R(t)$ を求めよ．ただし，各要素の信頼度を $R_1(t) = R_2(t) = R_3(t) = 0.95$ とする．

【解答】 直列系では $R(t) = \prod_{i=1}^{3} R_i(t) = 0.95^3 = 0.8573$ であり，並列系は $R(t) = 1 - \prod_{i=1}^{3} \{1 - R_i(t)\} = 1 - (1 - 0.95)^3 = 0.999875$ となる． ◇

## 6.4 平均，分散，標準偏差，変動係数

ある**母集団**（population）から得られた $n$ 個の離散的なデータを $x_1, x_2, \cdots, x_n$ とするとき，**標本平均**（sample mean）$\bar{x}$，**標本分散**（sample variance）$\sigma_n^2$，**標本不偏分散**（sample unbiased variance）$\sigma_{n-1}^2$ は次式で与えられる．

$$\left. \begin{array}{l} \bar{x} = \dfrac{1}{n} \sum_{i=1}^{n} x_i \\ \sigma_n^2 = \dfrac{1}{n} \sum_{i=1}^{n} (x_i - \bar{x})^2 \\ \sigma_{n-1}^2 = \dfrac{1}{n-1} \sum_{i=1}^{n} (x_i - \bar{x})^2 \end{array} \right\} \tag{6.13}$$

なお，分散の平方根 $\sigma_n, \sigma_{n-1}$ を**標本標準偏差**（sample standard deviation）といい，**標本寸法**（sample size），すなわちデータ数 $n$ が大きくなると $\sigma_n$ と

$\sigma_{n-1}$ の差は無視できる。

**例題 6.2** 表 6.1 は標本寸法 $n = 30$ の仮想的な引張試験結果である。これらの標本平均，標本標準偏差を求めよ。

**表 6.1** 仮想的な引張試験結果

| No. | $x$ [MPa] | No. | $x$ [MPa] | No. | $x$ [MPa] |
|---|---|---|---|---|---|
| 1 | 390 | 11 | 412 | 21 | 405 |
| 2 | 422 | 12 | 403 | 22 | 398 |
| 3 | 378 | 13 | 410 | 23 | 415 |
| 4 | 400 | 14 | 388 | 24 | 434 |
| 5 | 425 | 15 | 397 | 25 | 390 |
| 6 | 380 | 16 | 402 | 26 | 407 |
| 7 | 393 | 17 | 395 | 27 | 370 |
| 8 | 420 | 18 | 395 | 28 | 413 |
| 9 | 375 | 19 | 392 | 29 | 400 |
| 10 | 416 | 20 | 384 | 30 | 409 |

**【解答】** 式 (6.13) より，標本平均は $\bar{x} = 400.3$ MPa，標本標準偏差は $\sigma_n = 15.7$ MPa，$\sigma_{n-1} = 15.4$ MPa となる。なお，これらの値は Excel の統計関数 AVERAGE, STDEVP, STDEV を用いて求めることもできる。　　◇

確率変数 $X$ が連続分布をなし，その確率密度関数 $f(x)$ が与えられるとき，$X$ の**平均値**（mean value）$\mu$ あるいは**期待値**（expectation）$E(x)$ は次式で定義される。

$$\mu = E(x) = \int_{-\infty}^{\infty} x f(x) dx \tag{6.14}$$

これは $x = 0$ のまわりの 1 次モーメントである。なお，$X$ の定義域が，例えば，$0 \leq X \leq \infty$ のような場合，定義域の外では $f(x) = 0$ とする。

確率変数 $X$ の**分散**（variance）$\sigma^2$ は次式で定義され，平均値 $\mu$ に関する $X$ の 2 次モーメントを与える。

$$\sigma^2 = E((x-\mu)^2) = \int_{-\infty}^{\infty} (x-\mu)^2 f(x) dx \tag{6.15}$$

ここで，つぎの関係が成立する．

$$\sigma^2 = \int_{-\infty}^{\infty} (x-\mu)^2 f(x) dx$$

$$= \int_{-\infty}^{\infty} x^2 f(x) dx - 2\mu \int_{-\infty}^{\infty} x f(x) dx + \mu^2 \int_{-\infty}^{\infty} f(x) dx$$

$$= \int_{-\infty}^{\infty} x^2 f(x) dx - \mu^2$$

$$= E(x^2) - \mu^2 \tag{6.16}$$

分散の平方根 $\sigma$ を**標準偏差**（standard deviation）といい，標準偏差 $\sigma$ と平均値 $\mu$ の比 $\eta$ を**変動係数**（coefficient of variation）という．

$$\eta = \frac{\sigma}{\mu} \tag{6.17}$$

平均値が大幅に異なる材料間の強度や応力レベルの異なる疲労寿命など，種類や条件の異なるもののばらつきを比較するためには標準偏差よりも変動係数が適している．

分布関数を $F(x)$ とするとき

$$F(x) = P(X \leq x) = 0.5 \tag{6.18}$$

を満たす $x$ の値を分布の**中央値**（median）という．確率変数 $X$ の分布が，正規分布のような，中央値の両側で対称な場合は中央値と平均値は一致する．

密度関数 $f(x)$ が極大値をもつとき，$df(x)/dx = 0$ を満たす $x$ の値を**最頻値**（mode）という．

## 6.5 正 規 分 布

金属材料の硬さや引張強さなどの静的強度，および金属材料の時間強度の分布は**正規分布**（normal distribution）で近似される場合が多い．正規分布の確率密度関数 $f(x)$ および分布関数 $F(x)$ は定義域を $-\infty < x < \infty$ として次式で与えられる．

$$f(x) = \frac{1}{\sqrt{2\pi}\,\sigma} \exp\left\{-\frac{(x-\mu)^2}{2\sigma^2}\right\} \tag{6.19}$$

$$F(x) = \frac{1}{\sqrt{2\pi}\sigma} \int_{-\infty}^{x} \exp\left\{-\frac{(x-\mu)^2}{2\sigma^2}\right\} dx \tag{6.20}$$

正規分布は二つのパラメータ，すなわち平均値 $\mu$ と分散 $\sigma^2$ を含んでおり，このときの正規分布を $N(\mu, \sigma^2)$ で表す。

得られたデータが正規分布に従うと仮定した場合，式 (6.13) で求められる標本平均および標本標準偏差は $\mu$ および $\sigma$ の**推定値**（estimated value）である。このように，母集団のパラメータを一つの推定値によって推定する場合を**点推定**（point estimation）という。これに対し，標本寸法 $n$ の標本から得られる推定値は標本によって異なることから，$\mu$ および $\sigma$ の真の値がどの範囲にどの程度の確からしさで入るかを知ることが必要となる場合があり，これを**区間推定**（interval estimation）という。これらの詳細については文献 2), 4) に説明されている。

正規分布は標準化変数 $u = (X - \mu)/\sigma$ によって平均値 0 および標準偏差 1 の**標準正規分布**（standardized normal distribution）$N(0, 1)$ に変換することができる。このときの分布関数

$$\Phi(u) = \frac{1}{\sqrt{2\pi}} \int_{-\infty}^{u} \exp\left(-\frac{u^2}{2}\right) du \tag{6.21}$$

を**標準正規分布関数**という。

図 **6.4** は平均値を $\mu = 0$ とし，標準偏差を $\sigma = 0.5, 1, 2$ と変化させたときの正規分布の分布関数および確率密度関数の形状の変化を示したものであり，$\sigma = 1$ に対する曲線が標準正規分布 $N(0, 1)$ の確率密度関数である。図 (b) より，正規分布の確率密度関数は平均値 $\mu$ に関して対称であり，分散 $\sigma^2$ が小さいほど鋭い分布となることがわかる。

平均値が $\mu$，分散が $\sigma^2$ の正規分布の分布関数は標準正規分布関数 $\Phi$ を用い

$$F(x) = \frac{1}{\sqrt{2\pi}} \int_{-\infty}^{(x-\mu)/\sigma} \exp\left(-\frac{u^2}{2}\right) du \equiv \Phi\left(\frac{x-\mu}{\sigma}\right) \tag{6.22}$$

と表すことができる。このとき

$$\frac{x-\mu}{\sigma} = \Phi^{-1}(F) \tag{6.23}$$

## 6.5 正規分布

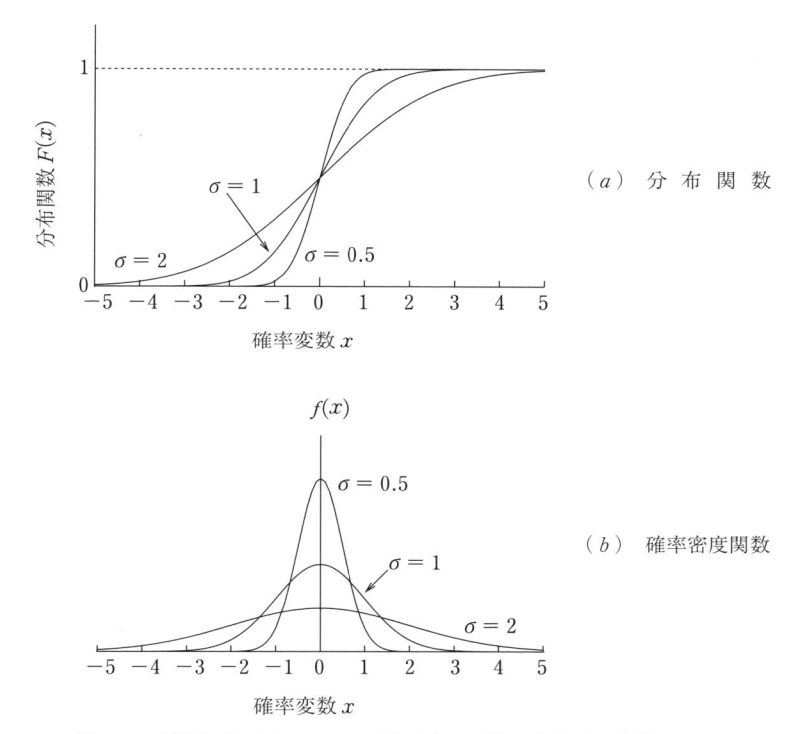

**図 6.4** 標準偏差の違いによる正規分布の形状の変化（平均値 $\mu = 0$）

(a) 分布関数

(b) 確率密度関数

と変形できる。$\Phi^{-1}$ は $\Phi$ の逆関数であり，$\Phi^{-1}(F)$ は累積確率が $F$ となるパーセント点である。

標準正規分布の分布関数の値は Excel の統計関数 NORMSDIST を，また上側確率のパーセント点は NORMSINV を用いて求めることができ，Excel で作成した標準正規分布の上側確率およびパーセント点を求める表を，それぞれ巻末付録の**付表 1** および**付表 2** に示す。

**付表 1** は $u$ の値から上側確率 $P(u)$ を求めるための表であり，表の最左欄は 0.1 刻みの $u$ の値を，第 1 行は 0.01 刻みの $u$ の値を示している。例えば，$u = 0.32 = 0.3 + 0.02$ に対する上側確率 $P(0.32)$ の値を求めるには，最左欄の 0.30 の行と第 1 行の 0.02 の列が交差する欄の値を読み取ればよい。すなわち，$P(0.32) = 0.374\,48$ となる。

**付表2**は**付表1**とは逆に,上側確率 $P$ の値からパーセント点 $u$ を求めるための表である。表の最左欄は 0.01 刻みの $P$ の値を,第1行は 0.001 刻みの $P$ の値を示したものである。上側確率 $P(u) = 0.102 = 0.10 + 0.002$ に対するパーセント点 $u$ は最左欄の 0.10 の行と第1行が 0.002 の列が交差する欄の値を読み取ればよい。すなわち,上側確率 $P(u) = 0.102$ となるパーセント点 $u$ は $u = 1.270\ 24$ である。

なお,正規分布に対しては Excel の統計関数 NORMDIST および NORMINV を用いて標準正規分布の場合と同様に求めることができる。

---

**例題 6.3** 平均値が $\mu$,標準偏差が $\sigma$ の正規分布 $N(\mu, \sigma)$ において,確率変数 $X$ がつぎの範囲に入る確率を求めよ。

(1) $P(\mu - \sigma \leq X \leq \mu + \sigma)$
(2) $P(\mu - 2\sigma \leq X \leq \mu + 2\sigma)$
(3) $P(\mu - 3\sigma \leq X \leq \mu + 3\sigma)$

---

**【解答】** 標準化変数 $u = (X - \mu)/\sigma$ を用いると,正規分布 $N(\mu, \sigma)$ における (1)〜(3) の確率は標準正規分布 $N(0, 1)$ に対し,それぞれ $P(-1 \leq X \leq 1)$,$P(-2 \leq X \leq 2)$,$P(-3 \leq X \leq 3)$ の確率となる。

(1) $P(-1 \leq X \leq 1) = 1 - 2 \times \{1 - \text{NORMSDIST}(1)\}$
$= 1 - 2 \times (1 - 0.841\ 3) = 0.682\ 6$
(2) $P(-2 \leq X \leq 2) = 1 - 2 \times \{1 - \text{NORMSDIST}(2)\}$
$= 1 - 2 \times (1 - 0.977\ 3) = 0.954\ 6$
(3) $P(-3 \leq X \leq 3) = 1 - 2 \times \{1 - \text{NORMSDIST}(3)\}$
$= 1 - 2 \times (1 - 0.998\ 7) = 0.997\ 4$

したがって,$N(\mu, \sigma)$ の正規分布において,確率変数 $X$ が $\mu \pm \sigma$,$\mu \pm 2\sigma$ および $\mu \pm 3\sigma$ に入る確率はそれぞれ 68.3%,95.5% および 99.7% である。　　　　◇

**図 6.5** は「**繊維束モデル**(bundle of fibers model)」と呼ばれるもので,**6.3** 節の**図 6.3**(b)に示した並列モデルに対応するものであり,要素と $n$ 個の構成要素を結び付けるモデルの中で代表的なものである(直列モデルに対応するモデルは **6.7** 節に示す「**最弱リンクモデル**(weakest link model)」である)。繊維束モデルは多数の同じ要素が並列に結合され,最弱要素が破壊しても荷重

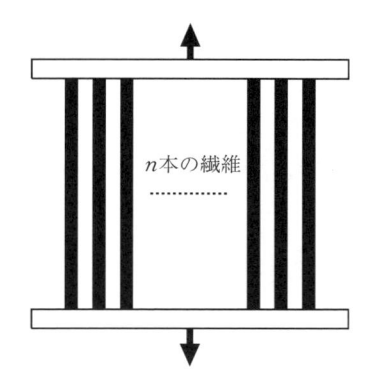

図 **6.5** 繊維束モデル

が再配分され，さらに荷重を増加させると2番目に弱い要素が破壊するが，このときも荷重が再配分され，試料全体が破壊するのは構成要素がすべて破壊したときであるというモデルであり，当初，繊維の束の破壊強度モデルとして提案されたものである。このモデルの破壊強度はある確率分布を示すが，要素数の増加に伴い，正規分布に近づくことが理論的に示されている[12]。

## 6.6 対数正規分布

確率変数 $X$ の対数(自然対数 $\ln X$ または常用対数 $\log X$)が正規分布をなすとき，確率変数 $X$ の分布は**対数正規分布** (log-normal distribution) をなす。

$y = \ln X$ とするとき，$y$ の確率密度関数 $g(y)$ は次式で与えられる。

$$g(y) = \frac{1}{\sqrt{2\pi}\,\sigma_{Le}} \exp\left\{-\frac{(y-\mu_{Le})^2}{2\sigma_{Le}^2}\right\} \quad (6.24)$$

ここで，$\mu_{Le}$ および $\sigma_{Le}$ は自然対数 $\ln X$ の平均値および標準偏差である。

真数 $x$ の確率密度関数 $f(x)$ は $f(x)dx = g(y)dy$ より

$$f(x) = \frac{1}{\sqrt{2\pi}\,\sigma_{Le}x} \exp\left\{-\frac{(\ln x-\mu_{Le})^2}{2\sigma_{Le}^2}\right\} \quad (6.25)$$

となる。

## 6. 材料強度の統計的性質

**図 6.6** は $\mu_{Le} = \ln 1 = 0$ とし，標準偏差の値を $\sigma_{Le} = 0.125, 0.25, 0.5, 1.0$ と変化させたときの対数正規分布の分布関数および確率密度関数の形状の変化を示したもので，図 ($b$) より標準偏差の増加とともに確率密度関数の非対称性が増すことがわかる。なお，平均値を変化させてもグラフの本質的な形は変わらない。

真数 $x$ の平均値 $\mu$ および分散 $\sigma^2$ は以下の式で与えられる。

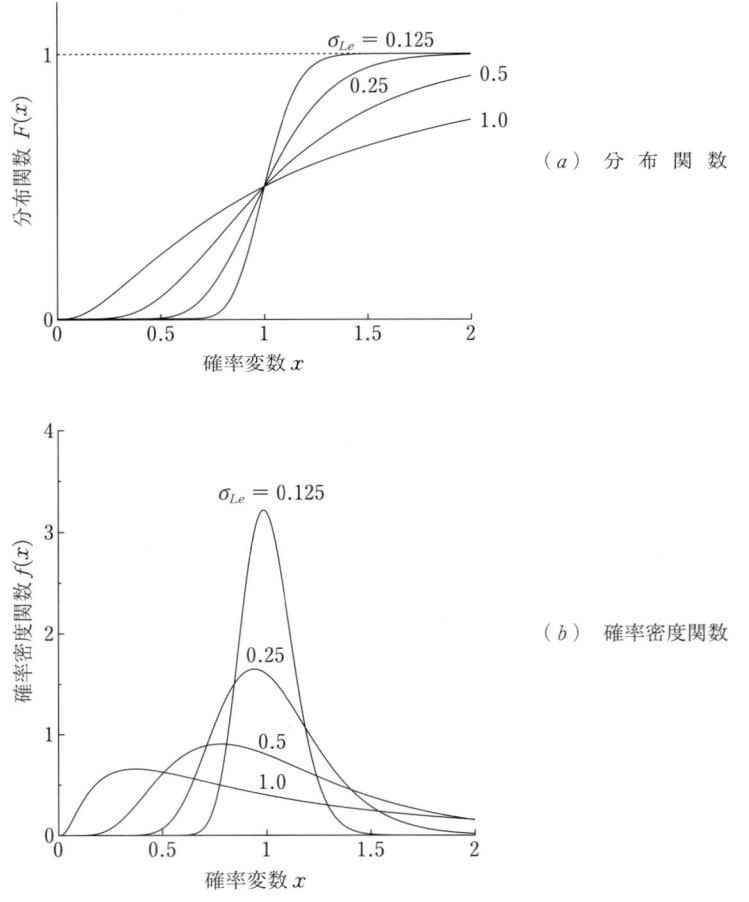

($a$) 分布関数

($b$) 確率密度関数

**図 6.6** 標準偏差の違いによる対数正規分布の形状の変化（平均値 $\mu_{Le} = 0$）

$$\mu = \int_0^\infty x f(x) dx = \exp\left(\mu_{Le} + \frac{1}{2}\sigma_{Le}^2\right) \tag{6.26}$$

$$\sigma^2 = \int_0^\infty (x-\mu)^2 f(x) dx = \exp(2\mu_{Le} + \sigma_{Le}^2)\{\exp(\sigma_{Le}^2) - 1\} \tag{6.27}$$

したがって,変動係数は

$$\eta = \frac{\sigma}{\mu} = \{\exp(\sigma_{Le}^2) - 1\}^{1/2} \tag{6.28}$$

で与えられることから,$\sigma_{Le}$ が小さいときは $\eta \approx \sigma_{Le}$ で近似でき,真数 $x$ の変動係数は自然対数 $\ln X$ の標準偏差 $\sigma_{Le}$ で近似できる。

真数 $x$ と自然対数 $\ln X$ の平均値と分散の間にはつぎの関係が成立する。

$$\mu_{Le} = \ln \frac{\mu}{\sqrt{1+\eta^2}} \tag{6.29}$$

$$\sigma_{Le}^2 = \ln(1 + \eta^2) \tag{6.30}$$

真数 $x$ の中央値 $\tilde{x}$ は $\mu_{Le}$ に対する真数の値であることから

$$\tilde{x} = \exp(\mu_{Le}) = \frac{\mu}{\sqrt{1+\eta^2}} \tag{6.31}$$

となり,対数正規分布では中央値 $\tilde{x}$ は平均値 $\mu$ よりつねに小さく,変動係数 $\eta$ が大きいほど中央値と平均値の差が大きくなる。

常用対数 $y = \log x$ を用い,$\log x$ の平均値および分散を $\mu_{L10}$ および $\sigma_{L10}$ で表すとき,つぎの関係が成立する。

$$\mu_{Le} = \ln 10 \times \mu_{L10} = 2.302\,6\mu_{L10} \tag{6.32}$$

$$\sigma_{Le} = \ln 10 \times \sigma_{L10} = 2.302\,6\sigma_{L10} \tag{6.33}$$

$$\eta = \{\exp(2.302\,6\sigma_{L10})^2 - 1\}^{1/2} \approx 2.302\,6\sigma_{L10} \tag{6.34}$$

対数正規分布の分布関数の値およびパーセント点を求める Excel の統計関数は LOGNORMDIST および LOGINV である。

## 6.7 ワイブル分布

疲労限度付近の金属材料の疲労寿命は長寿命側に尾を引くことが知られてお

り，このような場合には**ワイブル分布**（Weibull distribution）がしばしば用いられる。ワイブル分布は1939年にワイブル（W. Weibull）によって提唱された分布であり[13]，その密度関数および分布関数は次式で与えられる。

$$f(x) = \frac{m}{\beta}\left(\frac{x-\gamma}{\beta}\right)^{m-1} \times \exp\left\{-\left(\frac{x-\gamma}{\beta}\right)^m\right\} \quad (\gamma \leq x < \infty) \tag{6.35}$$

$$F(x) = 1 - \exp\left\{-\left(\frac{x-\gamma}{\beta}\right)^m\right\} \tag{6.36}$$

ここで，$m$ を**形状母数**（shape parameter），$\beta$ を**尺度母数**（scale parameter），$\gamma$ を**位置母数**（location parameter）といい，式(6.35)および式(6.36)は3母数ワイブル分布の確率密度関数および分布関数である。なお，尺度母数 $\beta$ については式(6.35)および式(6.36)の表記だけではなく，$\beta^m$ を $\beta$ として表記されている場合もあり，式の形に注意する必要がある。また，JIS Z 8115[10]では尺度母数として $\eta$ の記号が用いられているが，本書では $\eta$ を式(6.17)の変動係数に対して用いているため，混同を避けるために $\beta$ の記号を用いている。

位置母数 $\gamma$ は $x$ のとり得る下限界値を意味する母数であり，特に，位置母数を $\gamma = 0$ としたときの分布は**2母数ワイブル分布**と呼ばれる。このときの形状母数 $m$ は，後に示すように，ワイブル確率紙上で直線の勾配を表すことから，**ワイブル係数**（Weibull modulus）とも呼ばれ，ばらつきの程度を定量的に示す指数として用いられる。

**図6.7**は位置母数を $\gamma = 0$ とおいた2母数ワイブル分布において，尺度母数を $\beta = 1$ として形状母数 $m$ の値を変化させたときの分布関数および確率密度関数の形状の変化を示したものである。図中，$m = 3.26$ の確率密度関数は正規分布に対応する。なお，尺度母数 $\beta$ の値を変化させても分布の基本的な形は変わらない。

2母数ワイブル分布の平均値 $\mu$ は

$$\mu = \int_0^\infty x f(x) dx = \eta \Gamma\left(1 + \frac{1}{m}\right) \tag{6.37}$$

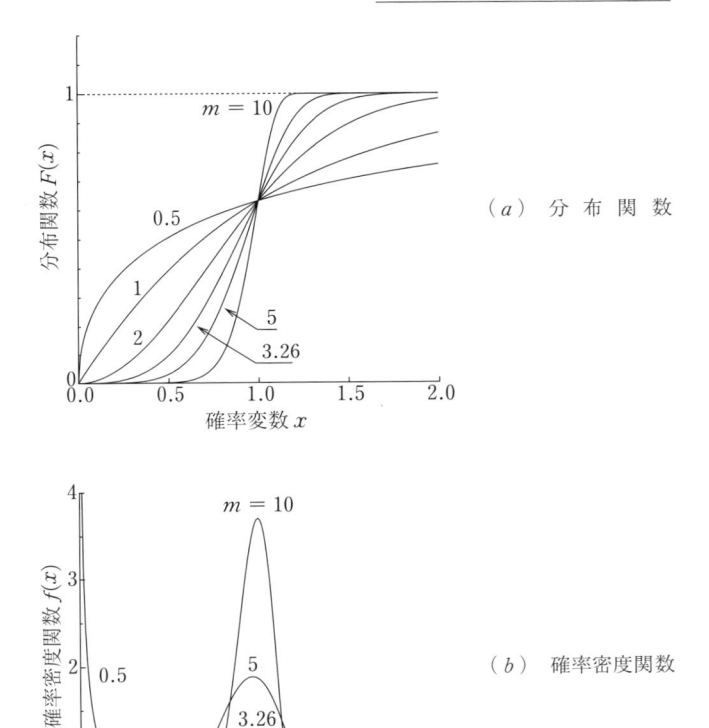

図 6.7 形状母数の違いによる2母数ワイブル分布の形状の変化
(尺度母数 $\beta = 1$, 位置母数 $\gamma = 0$)

(a) 分布関数

(b) 確率密度関数

である。ここで, $\Gamma(\ )$ は次式で定義される**ガンマ関数**である。

$$\Gamma(x) = \int_0^\infty u^{x-1} \exp(-u) du \tag{6.38}$$

なお, ガンマ関数には $\Gamma(1+x) = x\Gamma(x)$, $\Gamma(1) = 1$, $\Gamma(1/2) = \pi$ などの性質がある。

---

**例題 6.4** $\Gamma(3.3)$ の値を求めよ。

**【解答】** $\Gamma(1+x) = x\Gamma(x)$ の関係を用いると

$$\Gamma(3.3) = \Gamma(1+2.3) = 2.3 \times \Gamma(2.3) = 2.3 \times \Gamma(1+1.3)$$
$$= 2.3 \times 1.3 \times \Gamma(1+0.3)$$

となる。巻末付録の**付表3**より $\Gamma(1.3) = \Gamma(1+0.3) \fallingdotseq 0.897\,449$ であるから

$$\Gamma(3.3) = 2.3 \times 1.3 \times \Gamma(1.3) = 2.3 \times 1.3 \times 0.897\,449 = 2.683\,4$$

となる。

なお, $\Gamma(1.3) = \Gamma(1+0.3)$ の値は $0 \leqq x \leqq 1$ の範囲内で, つぎの近似式

$$\Gamma(1+x) = 1 - 0.574\,864\,6x + 0.951\,236\,3x^2 - 0.699\,858\,8x^3$$
$$+ 0.424\,554\,9x^4 - 0.101\,067\,8x^5 \quad (6.39)$$

を用いて計算することができ[7], この近似式を用いて作成したガンマ関数表が**付表3**である。 ◇

中央値 $\tilde{x}$ は, $F(\tilde{x}) = 0.5$ であることから

$$\tilde{x} = \beta(\ln 2)^{1/m} \quad (6.40)$$

である。

2母数ワイブル分布において $x = \beta$ とおくと

$$F(\beta) = 1 - \exp\left\{-\left(\frac{\beta}{\beta}\right)^m\right\} = 1 - e^{-1} = 0.632 \quad (6.41)$$

となることから, 2母数ワイブル分布の尺度母数は累積確率63.2%に対するパーセント点として分布の代表値として用いられることもある。

2母数ワイブル分布の分散 $\sigma^2$ は

$$\sigma^2 = \int_0^\infty (x-\mu)^2 f(x) dx = \beta^2\left[\Gamma\left(1+\frac{2}{m}\right) - \left\{\Gamma\left(1+\frac{1}{m}\right)\right\}^2\right] \quad (6.42)$$

となり, 変動係数 $\eta$ は次式で与えられる。

$$\eta = \frac{\sigma}{\mu} = \left[\frac{\Gamma\left(1+\frac{2}{m}\right)}{\left\{\Gamma\left(1+\frac{1}{m}\right)\right\}^2}\right]^{1/2} \quad (6.43)$$

変動係数 $\eta$ は形状母数 $m$ のみの関数であり, $m$ が増すほど変動係数は小さくなる。$1 \leqq m \leqq 50$ の範囲では, 相対誤差が最大3%で

$$\eta \approx m^{-0.93} \quad (6.44)$$

で近似できることが示されており[3],[4], 分布の母数から変動係数を概算するに

は

$$\eta \approx \frac{1}{m} \tag{6.45}$$

の関係を用いることができる。

2母数ワイブル分布の分布関数および確率密度関数の値は Excel の統計関数 WEIBULL を用いて求めることができる。

図 **6.8** は要素が $n$ 個の構成要素で構成されるとき，要素と構成要素を結び付ける際の直列モデルである「**最弱リンクモデル**（weakest link model）」を示したものであり，ワイブル分布は「最弱リンクモデル」に基づいて導かれたものである。

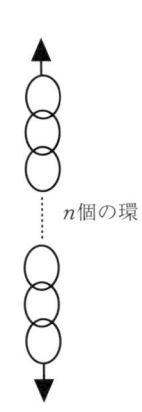

**図 6.8** 最弱リンクモデル

最弱リンクモデルは Peirse[14] が木綿糸の引張強さが糸の長さによって変化する現象を統計的に取り扱った論文で使われたものである。図 **6.8** に示すように $n$ 個の環が直列に連なった鎖を考え，$n$ 個の環の中で最も弱い環が壊れたときに鎖が切れると考えるモデルである。これは1個の試験片が多数の微小な体積要素で構成され，要素の強度はある確率分布に従い，試験片の強度は最も弱い構成要素の強度に等しいと考えるモデルである。このモデルは材料中の最も弱い欠陥やき裂が全体の強度を決定するというモデルであることから，セラミックスやガラスなどぜい性材料の破壊強度や鉄鋼材料の低温ぜい性破壊に適用されることが多い。

要素の強度の分布関数を $F_0(x)$, 試験片の強度の分布関数を $F(x)$ とし，要素の数を $n$ とすると，試験片の強度がある値 $x$ より大きい確率 $F(x)$ は $n$ 個の要素がいずれも $x$ より大きい確率に等しいから，次式が成立する。

$$F(x) = 1 - \{1 - F_0(x)\}^n \qquad (6.46)$$

試験片が大きい場合，すなわち要素の数 $n$ が大きい場合には同じ強度で破壊する確率は高くなり，試験片の強度は低くなる。

式 (6.46) を $x$ で微分することにより，確率密度関数 $f(x)$ は次式で与えられる。

$$f(x) = n\{1 - F_0(x)\}^{n-1} f_0(x) \qquad (6.47)$$

以上のように，ワイブル分布はワイブルが最弱リンクモデルに基づいて導いた分布であるが，一方，数学的に導かれる分布でもあることが後に証明されるとともに，平田[16]がガラスの遅れ破壊の解析のために提唱し，横堀[17],[18]が発展させた確率過程論からも導くことができる[4]ことは興味深い。

## 6.8 確　率　紙

得られたデータがある確率分布に従っているかどうかの判定や分布の母数の推定に確率紙が用いられる場合が多く，材料強度の分野では正規確率紙やワイブル確率紙がしばしば用いられる。確率紙はプロットしたデータがその確率分布に従う場合にデータが直線上に並ぶように，横軸に確率変数を，縦軸に累積確率の値を目盛ることにより作成されている。

### 6.8.1 ランク法

例えば，例題 **6.2** の**表 6.1** のデータを正規確率紙にプロットするに際し，縦軸と横軸の二つの座標軸の値が必要となる．横軸は確率変数の値，すなわち，**表 6.1** の引張強さの値をとればよいが，縦軸にはそれぞれのデータに対する累積確率の値を決める必要がある．このため，データを値の小さい順に並

べ（これを**順序統計量**（order statistic）という），おのおののデータの累積確率の値を決定する方法を**ランク法**といい，これまでに種々のランク法が提案されている[19]．

（1）**試料累積分布**（sample cumulative distribution）**法**　標本寸法 $n$ のデータを値の小さい順に並べたとき $i$ 番目のデータ $x_i$ に対する累積確率 $F(x_i)$ を次式で求める方法である．

$$F(x_i) = \frac{i}{n} \tag{6.48}$$

（2）**対称試料累積分布**（symmetrical sample cumulative distribution）**法**　標本寸法 $n$ のデータを値の小さい順に並べたとき $i$ 番目のデータは大きいほうから $n - i + 1$ 番目となることから，式 (6.48) から得られる，小さいほうから評価した累積確率 $i/n$ と，大きいほうから評価した累積確率を 1 から引いて得られる $(i - 1)/n$ との和の平均したものを累積確率 $F(x_i)$ とする方法であり，$F(x_i)$ は次式で与えられる．

$$F(x_i) = \frac{i - 0.5}{n} \tag{6.49}$$

このランク法は分布が平均値で対称となる正規分布にしばしば用いられる．

（3）**平均ランク**（mean rank）**法**　順序統計量 $x_i$ に対する累積確率はそれ自体が確率変数であり，その期待値を $F(x_i)$ とおくとき，累積確率 $F(x_i)$ は次式で与えられる．

$$F(x_i) = \frac{i}{n + 1} \tag{6.50}$$

（4）**モードランク**（mode rank）**法**　順序統計量 $x_i$ に対する累積確率の最頻値を $F(x_i)$ としたもので，累積確率 $F(x_i)$ は次式で与えられる．

$$F(x_i) = \frac{i - 1}{n - 1} \tag{6.51}$$

（5）**メジアンランク**（median rank）**法**　順序統計量 $x_i$ に対する累積確率の中央値を $F(x_i)$ としたもので，累積確率 $F(x_i)$ の近似式は次式で与

えられる．

$$F(x_i) = \frac{i - 0.3}{n + 0.4} \qquad (6.52)$$

なお，確率紙にデータをプロットし，最小二乗法による直線回帰などによって分布のパラメータを推定する場合，用いるランク法によって得られる値は異なるが，統計論的にはメジアンランク法が最も優れているとされており[20],[21]，特にワイブル確率紙にデータをプロットする際にはメジアンランク法がしばしば用いられる[22]（なお，縦軸の累積確率をランク法を用いて算出した場合，縦軸は独立変数となるため，最小二乗法による直線回帰においては，縦軸方向の誤差を最小にするのではなく，横軸方向の誤差を最小にするように直線回帰する必要がある）．

さらに，耐久限度付近での疲労寿命データなど，打切りデータを含むような不完全データの場合には Johnson の方法などを用いる必要がある[2],[4]．

### 6.8.2 正規確率紙

正規確率紙は，巻末付録の**付図 1** に示すように，横軸を一様目盛とし，縦軸を $\Phi^{-1}(F)$ の関数目盛，すなわち標準化正規分布の累積確率 $F$ [%] を目盛ったもので，正規分布関数が直線となるように作成されたものである．

**図 6.9** は日本材料学会の「金属材料疲労強度データ集」[10]に収録されている純鉄の引張強さに対し，標準的な実験条件から得られたと考えられる 14 種の純鉄に関する引張強さを抽出し，正規確率紙上にプロットしたものである．図の横軸は引張強さを，また，図の縦軸の累積確率は式 (6.49) で与えられる対称試料累積分布法を用いて描いている．

正規確率紙にプロットしたデータが直線で近似できれば，そのデータは正規分布に従っていると判断することができ，**図 6.9** に示す純鉄の引張強さの分布もほぼ正規分布で近似できるようである．なお，データが仮定した分布に従っているかどうかを客観的に判断するために適合度の検定が必要な場合には，**6.9** 節に示す **$\chi^2$ 検定** (chi-square test) や**コルモゴロフ・スミルノフ**

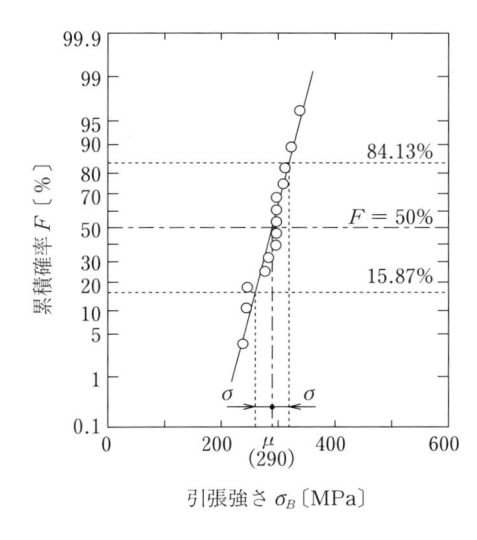

図 **6.9** 正規確率紙へのプロット例

(Kolmogorov-Smirnov) **の検定法**などが用いられる。

図中に一点鎖線で示すように，縦軸の累積確率 $F = 0.5$ に対するパーセント点，すなわち横軸の引張強さの値が平均値 $\mu\,(= 290\,\mathrm{MPa})$ である。また，式 (6.22) および $F(\mu + \sigma) = \Phi(1) = 0.841\,3$ であることから，$F = 0.841\,3$ (または $F = 0.158\,7$) に対する引張強さの値を読み取り，平均値 $\mu$ との差から標準偏差 $\sigma\,(= 31\,\mathrm{MPa})$ を求めることができる (巻末付録の**付図 1** に示すように，平均値や標準偏差の値の読取りを容易にするため，一般的な正規確率紙には右の縦軸に $F(\mu)$, $F(\mu \pm \sigma)$, $F(\mu \pm 2\sigma)$ および $F(\mu \pm 3\sigma)$ の目盛が記されている)。

**図 6.9** に示すデータでは変動係数の値は 11% であり，同一溶解に属する材料から得られる一般的な変動係数の値である 1〜3% 程度[23),24)] より大きな値となっているが，これは炭素含有量が 0.002〜0.039% と異なった素材を用い，異なった熱処理の下で得られたデータから抽出した引張強さの値から求めたためである。

なお，正規確率紙の横軸は一様目盛であるが，横軸に $x$ の対数 ($\ln x$ または $\log x$) を目盛ったものが対数正規確率紙である。

### 6.8.3 ワイブル確率紙

3母数ワイブル分布の分布関数を与える式 (6.36) を

$$\frac{1}{1-F(x)} = \exp\left\{\left(\frac{x-\gamma}{\beta}\right)^m\right\} \qquad (6.53)$$

と変形し，両辺の対数を2回とると次式のようになる．

$$\ln\ln\frac{1}{1-F(x)} = m\ln(x-\gamma) - m\ln\beta \qquad (6.54)$$

ここで，$\gamma = 0$，$Y = \ln\ln[1/\{1-F(x)\}]$，$X = \ln x$ とおくと

$$Y = mX - m\ln\beta \qquad (6.55)$$

なる線形関係が得られることから，横軸に $X (= \ln x)$，縦軸に $Y (= \ln\ln[1/\{1-F(x)\}])$ を目盛ったものがワイブル確率紙[17]である．

巻末付録の**付図2**に示すワイブル確率紙の下の横軸は対数目盛，左の縦軸はワイブル分布の累積確率を目盛ったものである．これに対し，上の横軸は $\ln x$ を，右の縦軸は $\ln\ln[1/\{1-F(x)\}]$ を目盛ったものであり，プロットしたデータが直線で近似できるとき，上の横軸と右の縦軸から図式的に形状母数の値を読み取ることができる．

**図6.10**は金属材料疲労強度データ集に含まれる機械構造用炭素鋼S45C焼きならし材に関する回転曲げ疲労試験結果から得られた寿命分布の一例を示したものである．図中の○印は，縦軸の累積確率を式 (6.49) の対称試料累積分布法を用いて求めるとともに，横軸に破断繰返し数をそのままプロットしたものである．また，図中の曲線は相関係数法[26)～28)]を用いて推定した3母数の値 ($m = 0.823$, $\beta = 3.90 \times 10^4$, $\gamma = 3.14 \times 10^4$) を用いて描いたものであり，○印の分布は3母数ワイブル分布で近似できることがわかる．

なお，図中に●印で示すように，データが3母数ワイブル分布に従うとき，おのおののデータ $x$ から位置母数 $\gamma$ を引いた値 $x - \gamma$ をプロットすれば，ワイブル確率紙上で直線となることから，●印を直線近似することによって形状母数と尺度母数を求めることができる．しかしながら，位置母数の推定は試行

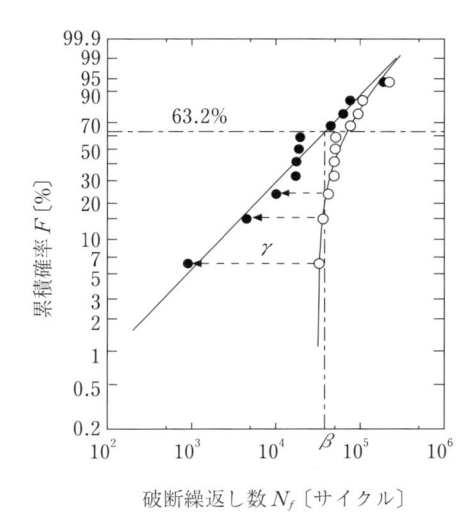

**図6.10** ワイブル確率紙へのプロット例

(横軸: 破断繰返し数 $N_f$〔サイクル〕, 縦軸: 累積確率 $F$ [%])

錯誤が必要になるなど，通常は相当な面倒が伴うことから，これまでにも種々の推定法が提案され，上記の相関係数法の他に最尤法などの母数推定法が用いられている[7),19),20)]。

最尤法は有限個のデータから母集団分布の母数を推定しようとする統計的推定法の一つ[4),7)]であり，文献22)にはファインセラミックスの即時破壊強度に対して2母数ワイブル分布の形状母数および尺度母数の推定に最尤法を用いた統計解析事例が解説されている。

相関係数法[26~28)]は3母数ワイブル分布の母数推定において最も困難が伴う位置母数の推定に対して相関係数最大の原理を適用し，位置母数を決定した後に最小二乗法によって形状母数と尺度母数を推定する方法であり，金属材料の疲労限度付近の打切りデータを含む疲労寿命分布についても適用可能な手法が示されている[28)]。

## 6.9 分布の適合度の検定

確率紙にデータをプロットし，データが直線で近似できるかどうかは目視で

判断されることも多いが，客観的に判断する方法として，一般に，$\chi^2$検定やコルモゴロフ・スミルノフの検定法が**適合度の検定**（testing of goodness of fit）として用いられる。ここでは$\chi^2$検定について説明する。

標本寸法$n$のデータを$k$個の区間（$0 \leq x < t_1$, $t_1 \leq x < t_2$, $\cdots$, $t_{k-1} \leq x < \infty$）に分割し，$i$番目の区間に属するデータの数を$n_i$とすると，$n_1 + n_2 + \cdots + n_k = n$となる。このとき，仮定した分布が正しいならば，データ$x$が$i$番目の区間内の値をとる確率$p_i$は次式で与えられ

$$p_i = \int_{t_{i-1}}^{t_i} f(x)\,dx \tag{6.56}$$

$i$番目の区間の度数の期待値は$np_i$で与えられる。ここで

$$\chi^2 = \sum_{i=1}^{k} \frac{(n_i - np_i)^2}{np_i} \tag{6.57}$$

なる量を考えると，この量は仮定した分布が正しい場合，$\chi^2$分布に従うことが知られている。

ここで，$\chi^2$分布は，$f$個の独立な確率変数$u_1, u_2, \cdots, u_f$がいずれも標準正規分布に従うとき，これらの変数の2乗和$\chi^2 = u_1^2 + u_2^2 + \cdots + u_f^2$の確率密度関数$g$は次式で与えられる。

$$g(\chi^2; f) = \frac{1}{2\Gamma(f/2)} \left(\frac{\chi^2}{2}\right)^{f/2-1} \exp\left(-\frac{\chi^2}{2}\right) \tag{6.58}$$

式(6.58)で与えられる分布を**自由度**（degrees of freedom）$f$の$\chi^2$分布という。式(6.57)の場合，仮定した分布の母数が既知であれば自由度は$f = k - 1$である。仮定した分布の$r$個の母数が未知であり，対象としているデータから母数を推定している場合には母数の数だけ自由度が減少し，自由度は$f = k - r - 1$となる。

仮定した分布が正しい場合には$n_i$と$np_i$の差は小さく，式(6.57)で求まる$\chi^2$の値が大きな値となる確率は低いと考えられることから，ある限界値を設定し，$\chi^2$の値がこの限界値を超えるとき，仮定した分布は正しくないと判定する。しかしながら，仮定した分布が正しいにもかかわらず$\chi^2$の値が大きく

なる場合もあり得るため，正しい仮定を否定する危険性が存在する．この確率（危険率）をある小さな値 $\gamma$ に抑えるため，設定する限界値を $\chi^2$ 分布の $100 \times \gamma$ パーセント点 $\chi_\gamma^2$ として $\chi^2 > \chi_\gamma^2$ となる場合には仮定を棄却することにする。通常，$\gamma$ の値は $\gamma = 0.01$，$\gamma = 0.05$ が用いられる場合が多い．

$\chi^2$ 検定は，標本寸法が大きい場合に適用でき，$np_i (i = 1 \sim k)$ がいずれも5以上であることが望ましいとされている．なお，適合度の検定は仮説検定の一つであり，仮定が棄却されるときには積極的な意味をもつが，棄却されなかった場合には，必ずしも仮定が正しいという意味ではなく，仮定を棄却することができないという意味であることに注意する必要がある．

**例題 6.5** 例題 6.2 で用いたデータ（**表 6.1**）の母集団が正規分布に従うと仮定し，例題 6.1 で求めた標本平均（$\mu = 400.3\,\mathrm{MPa}$）および標本標準偏差（$\sigma = 15.7\,\mathrm{MPa}$）を母集団の平均値および標準偏差の推定値であるという仮説に対し，危険率を 5% として $\chi^2$ 検定によって適合度を判定せよ．

**【解答】** 表 6.2 は，表 6.1 のデータを第2欄の階級に区分したものであり，第3欄は第2欄の階級に含まれる観測値（度数）$n_i$ を，図 6.11 はヒストグラムを示したものである．第4欄は母集団が $N(400.3, 15.7)$ の正規分布に従うと仮定した場合のそれぞれの階級に対する期待値 $np_i$ であり，図 6.11 の曲線は $N(400.3, 15.7)$ の正規分布の確率密度関数を示したものである（なお，7行目の期待値は合計が 30.0 になるように調整し，確率密度関数の縦軸の値もヒストグラムに対応するよう，便宜的に

**表 6.2** 適合度の検定の計算例

| | 階　級 | 観測値 | 期待値 | $\chi^2$ |
|---|---|---|---|---|
| 1 | $-\infty \sim 375$ | 1 | 1.237 9 | 0.045 7 |
| 2 | $375 \sim 385$ | 4 | 3.340 8 | 0.130 1 |
| 3 | $385 \sim 395$ | 6 | 6.088 2 | 0.001 3 |
| 4 | $395 \sim 405$ | 7 | 7.494 9 | 0.032 7 |
| 5 | $405 \sim 415$ | 6 | 6.233 2 | 0.008 7 |
| 6 | $415 \sim 425$ | 4 | 3.501 8 | 0.070 9 |
| 7 | $425 \sim \infty$ | 2 | 2.103 2 | 0.005 1 |
| | 合　計 | 30 | 30.000 | 0.294 4 |

*156*　　6. 材料強度の統計的性質

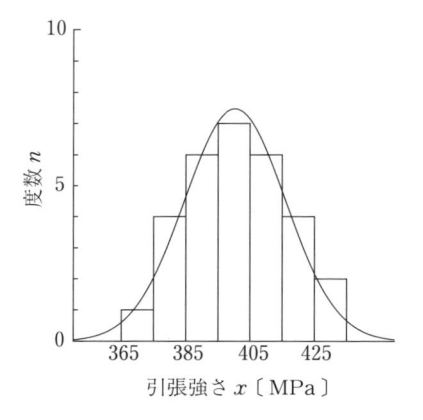

**図 6.11**　データによる度数分布と確率密度関数の比較

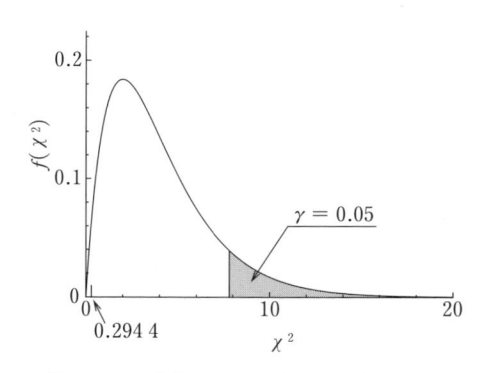

**図 6.12**　$\chi^2$ 検定による適合度の検定結果（自由度 $f = 4$）

調整している）。

　第 5 欄は式 (6.57) の $\chi^2$ の値を示したもので，自由度 $f$ は $p_i$ の計算に標本平均と標本標準偏差の値を用いているため $f = 7 - 1 - 2 = 4$ である。危険率を $\gamma = 0.05$ とするとき，巻末付録の**付表 4** より $\chi_r^2 = 9.4877$ であるから，**図 6.12** に示すように，$\chi^2 < \chi_r^2$ となり，仮説は棄却することができず，**表 6.2** の度数分布は正規分布に従うと考えてもよいことになる。　　　　　　　　　　　　　　　　　　◇

## 6.10　材料強度の統計的性質

　本節ではこれまでに報告されている各種材料強度の統計的性質を紹介するとともに，材料強度データベースを用いた大標本の解析結果について紹介する。

### 6.10.1　静的強度の統計的性質

　引張強さは最も基本的な強度特性であることから，これまでに多くの実験結果が報告されている。例えば，西島らは S45C として市販されている圧延棒鋼で同一溶解に属する材料を用い，3 種類の異なった熱処理条件（焼きならし，焼入れ後 600℃焼戻し，350℃焼戻し）で試験片を作製し，引張強さ，降伏点，伸び，絞りなどの分布特性を調べるとともに，回転曲げ疲労試験を行い，

$P$-$S$-$N$ 特性を含む確率疲労特性を調べ，そのばらつきなどについて検討している[23]。

その結果，引張強さは正規分布で近似でき，350℃焼戻し材のばらつきは他の 2 種の熱処理材に比べてばらつきは大きいものの，変動係数の値として 1.0〜2.8% の値が得られている。また，ビッカース硬さも正規分布でよく近似でき，変動係数は 1.0〜2.3% であり，一方，伸びや絞りはばらつきが大きかったことが報告されている。

酒井らは S35C の定尺 7 m の丸棒素材 2 本を素材のまま大型炉で焼きならし処理を行い，それぞれ 24 本および 26 本の試験片を採取し，各種機械的性質と各強度特性値間の相関性について統計的な検討を加えている[29]。ここでも，引張強さは素材個々の結果だけでなく，両素材を併合した引張強さも正規分布でよく近似できることを示している。なお，上降伏点および下降伏点も正規分布に従うものの，特に上降伏点については正規分布の適合性は不十分であり，これらの分散は引張強さの分散に比べてかなり大きくなる傾向を指摘している。

図 *6.13* は「金属材料疲労強度データ集」（日本材料学会）[10] に収録されている純鉄および機械構造用炭素鋼 S10C，S35C および S45C の引張強さのデータから標準的な実験条件から得られたと考えられる引張強さを抽出し，正規確

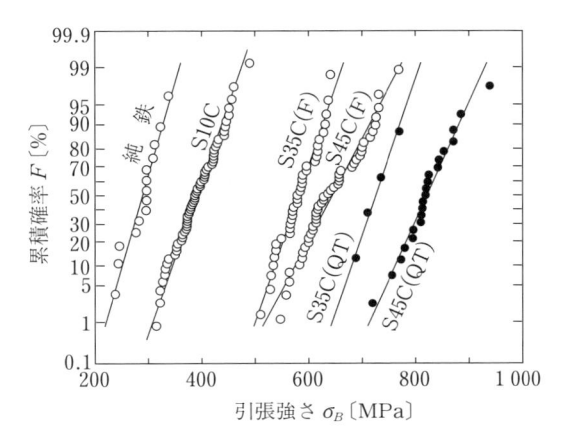

図 *6.13* 機械構造用炭素鋼（純鉄，S10C，S35C および S45C）の引張強さの分布（正規確率紙）

率紙上にプロットしたものである.なお,純鉄のデータは図 **6.9** に示したものと同一である.図中,S35C および S45C については焼きならし材または焼鈍し材(F)と焼入焼き戻し材(QT)に区分して示している.S45C 材は他の材料に比べてややばらつきが大きいようであるが,いずれの場合も正規分布でよく近似できるようである.

　図 **6.13** の変動係数の値は 10～14% 程度であり,S35C および S45C の同一溶解に属する材料から得られた分散の値 1～3% 程度と比較して大きいが,図 **6.13** の引張強さは上記データベースから抽出したものであり,素材・熱処理条件などの異なった試験片から得られたことに起因する.

　以上のように,金属材料の引張強さは正規分布でよく近似されるが,窒化ケイ素などセラミックスの曲げ強度や引張強さはワイブル分布に従う例が多い[22]。

　なお,ビッカース硬さ $HV$ は無次元で表示されるが,$[\mathrm{kgf/mm^2}]$ の次元をもつことから,引張強さを $[\mathrm{kgf/mm^2}]$ で表示するとき,引張強さの値はほぼ $HV/3$ に比例することが一般に知られている.図 **6.14** は「金属材料疲労強度データ集」(日本材料学会)[10] に収録されている純鉄および機械構造用炭素鋼

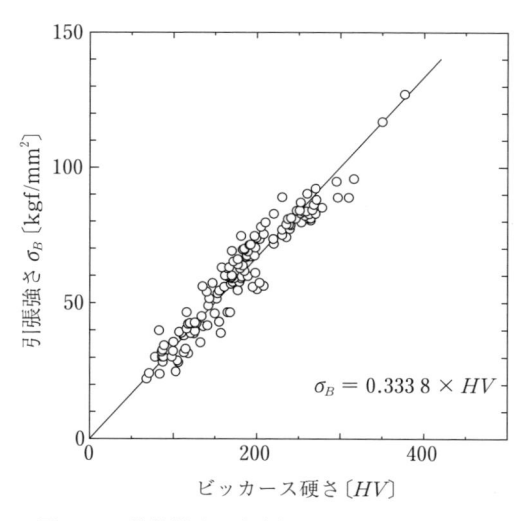

$$\sigma_B = 0.3338 \times HV$$

図 **6.14**　機械構造用炭素鋼の引張強さと硬さの関係

に関するデータから，ビッカース硬さと引張強さの両方が記載されているデータを抽出してそれらの関係を示したもので，縦軸の引張強さの単位は[kgf/mm$^2$]である．図中の直線は原点を通り，プロットと直線との距離が最小になるように最小二乗法で求めた回帰線であり，直線の傾きは0.3338（≒1/3）であることから，経験的に知られている上記の関係を確認することができる．

### 6.10.2 疲労強度の統計的性質

すでに4章において種々の金属材料の$P$-$S$-$N$特性を含む疲労特性が示されていることから，ここでは「金属材料疲労強度データ集」[10]に収録されている機械構造用炭素鋼の解析例を紹介する．

図6.15は「金属材料疲労強度データ集」から，標準的な実験条件で得られたと考えられる純鉄およびS10Cに関する常温・大気中での回転曲げ疲労試験結果を抽出して描いた$S$-$N$特性である．なお，繰返し数が10$^7$回以上で矢印の付いたプロットは，その繰返し数で試験片が未破断であることを示している．

図には純鉄が7シリーズ，S10Cが44シリーズ（1シリーズが$S$-$N$曲線1本に相当する）のデータが含まれている．また，図6.15(b)は，4章にも述べられているように，おのおののシリーズにおける負荷応力をおのおのの引張強さで無次元化して図(a)のデータをプロットし直したものであり，図(a)では純鉄のデータはS10Cのデータの下方に位置しているが，負荷応力を引張強さで無次元化することにより，中央に位置するようになる．一般に，回転曲げ疲労限度は引張強さの約0.5倍であることが知られており，純鉄およびS10Cの回転曲げ疲労限度についてもその傾向が認められる．

図6.16は上記データ集から抽出したS45C焼きならし材（コード－シリーズ：204-025）と調質材（焼入れ後600℃で焼き戻し，コード－シリーズ：204-026）の$P$-$S$-$N$線図を示したものであり，これらのデータは前述の西島らの文献[23]のデータである．図6.16は日本材料学会標準である「金属材料

*160*　　6. 材料強度の統計的性質

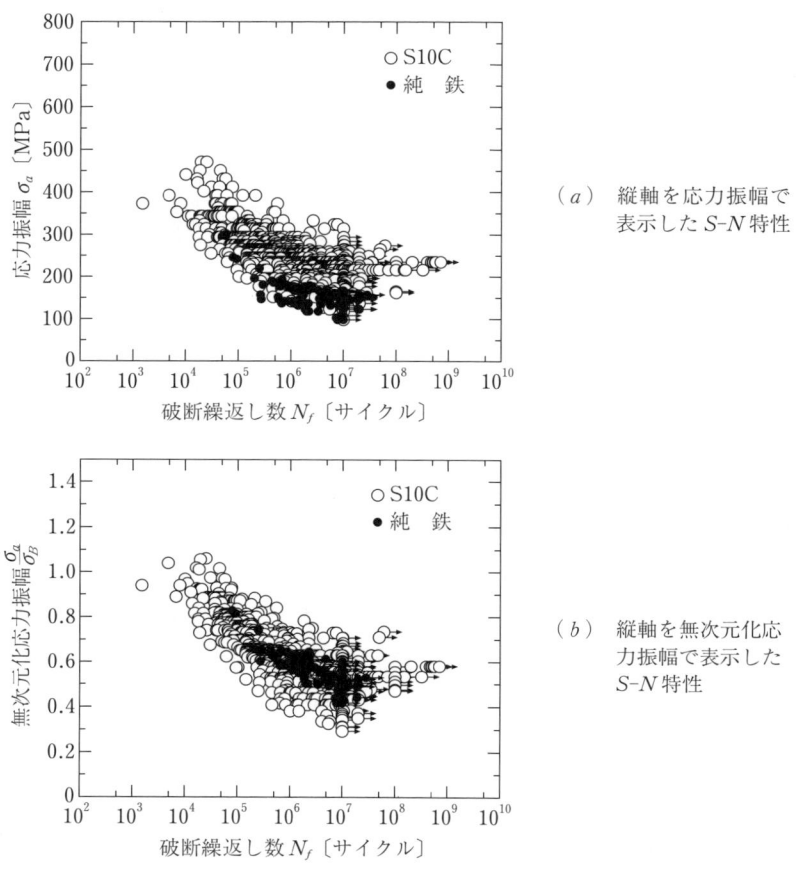

(a) 縦軸を応力振幅で表示した S-N 特性

(b) 縦軸を無次元化応力振幅で表示した S-N 特性

**図 6.15** 回転曲げ疲労特性（純鉄および S10C）

疲労信頼性評価標準—S-N 曲線回帰法—」（英文版：JSMS-SD-11-07)[30)] に付属のソフトウェアを用いて描いたものである（なお，縦軸および横軸の表記，ならびに「NOT SATISFIED」の位置は本書の表記に統一するため，修正して示している）。図中，上から破壊確率 $P = 99, 90, 50, 10$ および 1% に対する P-S-N 曲線であり，これは繰返し数によらず，時間強度は分散一定の正規分布に従うと仮定し，$P = 50\%$ の中央 S-N 曲線を標準偏差の $\pm 2.34$ 倍および $\pm 1.28$ 倍ずつ平行移動することによって描かれたものである。

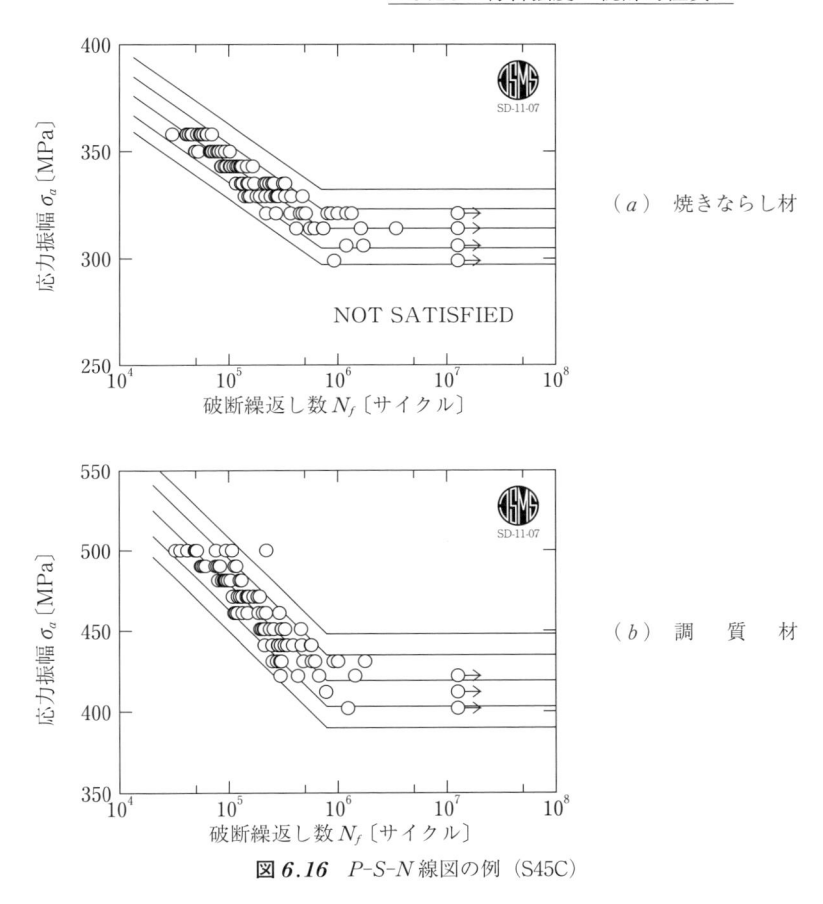

図 **6.16** P-S-N 線図の例（S45C）

なお，図 **6.16**(a) の p-S-N 線図には「NOT SATISFIED」と表示されているが，これはこの学会標準は破断最大応力振幅と破断最小応力振幅の比が 1.2 以上のものを解析対象としており，試験応力範囲がこの基準を満足していないことを注意喚起している。

図 **6.17** は図 **6.16** の各応力レベルにおける疲労寿命分布をワイブル確率紙上に示したものである。図の縦軸の値はメジアンランク法を用いて算出した。なお，繰返し数 $1.26 \times 10^7$ 回の矢印を付したプロットは，この繰返し数では未破断であることを示し，矢印の上の数字は未破断の試験片数を示している。

## 6. 材料強度の統計的性質

(a) 焼きならし材
- ○ 358 MPa
- ● 350
- □ 343
- ■ 335
- △ 329
- ▲ 321
- ◇ 314

(b) 調質材
- ○ 500 MPa
- ● 490
- □ 481
- ■ 471
- △ 461
- ▲ 451
- ◇ 441
- ◆ 431
- ⊖ 422

**図 6.17** 疲労寿命分布の例 (S45C)

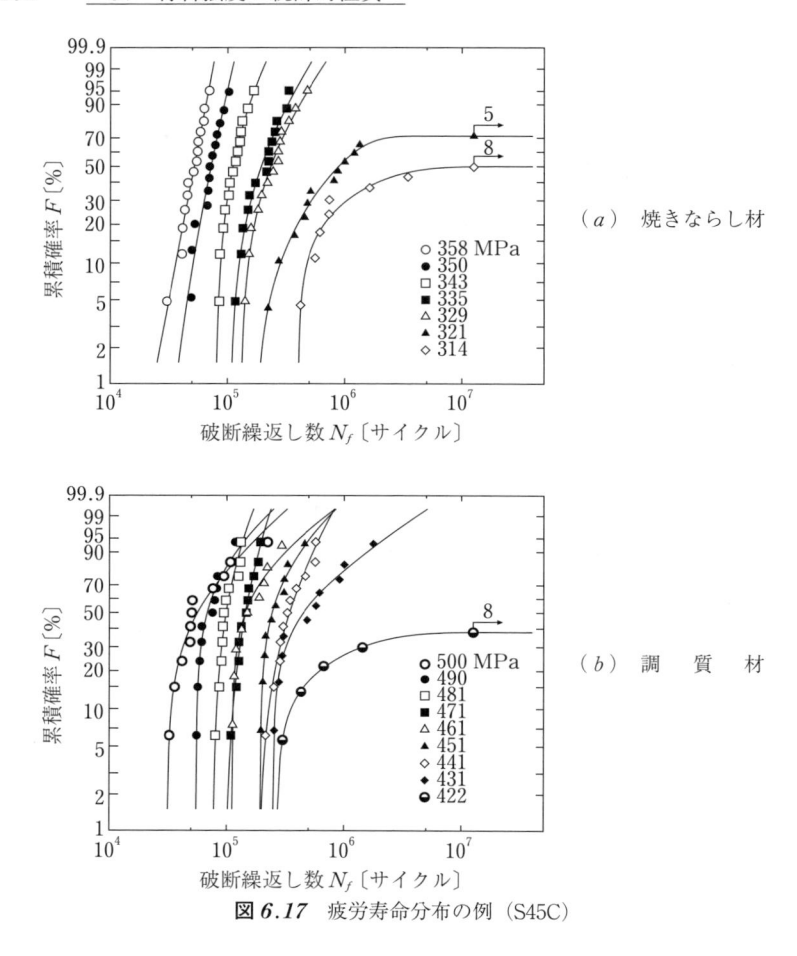

図中の曲線は相関係数法で推定した3母数ワイブル分布を用いて疲労寿命を近似したものである。なお、未破断試験片が現れる低応力域では、試験片総数を $n$ とし、破壊した試験片数を $k$ とするとき、その応力レベルでの破壊確率 $F_k$ をメジアンランク法を用い、$F_k = (k + 0.7)/(n + 0.4)$ により算出して示している。**図 6.17**(b) では寿命分布が交差しているものの、いずれの場合も疲労寿命分布は3母数ワイブル分布でよく近似できることがわかる。

なお、**図 6.17** の疲労寿命分布は単一の3母数ワイブル分布で近似できるよ

うであるが，破壊モードの異なる寿命データが含まれている場合などには混合分布あるいは複合分布としての取扱いが必要となる場合もある．

「金属材料疲労強度データ集」には鉄鋼材料が2 631シリーズ（各種一般構造用鋼が275シリーズ，構造用炭素鋼・合金鋼が1 533シリーズなど），非鉄金属材料が415シリーズ（アルミニウムおよびアルミニウム合金が215シリーズ，銅および銅合金が42シリーズなど），合計3 047シリーズという多岐にわたる材料が含まれており，系統的な解析が精力的に続けられている[31)~33)]．

## 演 習 問 題

【1】 正規分布の平均値と分散を求めよ

【2】 繰返し数にかかわらず時間強度分布が標準偏差一定の正規分布に従うと仮定するとき，$P = 10\%$ および $90\%$ の $P$-$S$-$N$ 曲線は $P = 50\%$ である中央 $S$-$N$ 曲線を $\pm 1.28$ 倍ずつ平行移動して描けることを説明せよ．

【3】 例題 **6.2** のデータをメジアンランク法を用いて正規確率紙およびワイブル確率紙にプロットし，両者を比較せよ．

【4】 正規分布に従うと考えられる標本寸法が20程度のデータを採取し，正規確率紙にプロットして平均値，標準偏差，変動係数を求めよ．なお，得られたデータが正規分布で近似できない場合，その原因を考察せよ．

# 付　　　　録

**付表 1**　標準正規分布の上側確率

| u | 0.00 | 0.01 | 0.02 | 0.03 | 0.04 | 0.05 | 0.06 | 0.07 | 0.08 | 0.09 |
|---|---|---|---|---|---|---|---|---|---|---|
| 0.00 | 0.50000 | 0.49601 | 0.49202 | 0.48803 | 0.48405 | 0.48006 | 0.47608 | 0.47210 | 0.46812 | 0.46414 |
| 0.10 | 0.46017 | 0.45620 | 0.45224 | 0.44828 | 0.44433 | 0.44038 | 0.43644 | 0.43251 | 0.42858 | 0.42465 |
| 0.20 | 0.42074 | 0.41683 | 0.41294 | 0.40905 | 0.40517 | 0.40129 | 0.39743 | 0.39358 | 0.38974 | 0.38591 |
| 0.30 | 0.38209 | 0.37828 | 0.37448 | 0.37070 | 0.36693 | 0.36317 | 0.35942 | 0.35569 | 0.35197 | 0.34827 |
| 0.40 | 0.34458 | 0.34090 | 0.33724 | 0.33360 | 0.32997 | 0.32636 | 0.32276 | 0.31918 | 0.31561 | 0.31207 |
| 0.50 | 0.30854 | 0.30503 | 0.30153 | 0.29806 | 0.29460 | 0.29116 | 0.28774 | 0.28434 | 0.28096 | 0.27760 |
| 0.60 | 0.27425 | 0.27093 | 0.26763 | 0.26435 | 0.26109 | 0.25785 | 0.25463 | 0.25143 | 0.24825 | 0.24510 |
| 0.70 | 0.24196 | 0.23885 | 0.23576 | 0.23270 | 0.22965 | 0.22663 | 0.22363 | 0.22065 | 0.21770 | 0.21476 |
| 0.80 | 0.21186 | 0.20897 | 0.20611 | 0.20327 | 0.20045 | 0.19766 | 0.19489 | 0.19215 | 0.18943 | 0.18673 |
| 0.90 | 0.18406 | 0.18141 | 0.17879 | 0.17619 | 0.17361 | 0.17106 | 0.16853 | 0.16602 | 0.16354 | 0.16109 |
| 1.00 | 0.15866 | 0.15625 | 0.15386 | 0.15151 | 0.14917 | 0.14686 | 0.14457 | 0.14231 | 0.14007 | 0.13786 |
| 1.10 | 0.13567 | 0.13350 | 0.13136 | 0.12924 | 0.12714 | 0.12507 | 0.12302 | 0.12100 | 0.11900 | 0.11702 |
| 1.20 | 0.11507 | 0.11314 | 0.11123 | 0.10935 | 0.10749 | 0.10565 | 0.10383 | 0.10204 | 0.10027 | 0.09853 |
| 1.30 | 0.09680 | 0.09510 | 0.09342 | 0.09176 | 0.09012 | 0.08851 | 0.08691 | 0.08534 | 0.08379 | 0.08226 |
| 1.40 | 0.08076 | 0.07927 | 0.07780 | 0.07636 | 0.07493 | 0.07353 | 0.07215 | 0.07078 | 0.06944 | 0.06811 |
| 1.50 | 0.06681 | 0.06552 | 0.06426 | 0.06301 | 0.06178 | 0.06057 | 0.05938 | 0.05821 | 0.05705 | 0.05592 |
| 1.60 | 0.05480 | 0.05370 | 0.05262 | 0.05155 | 0.05050 | 0.04947 | 0.04846 | 0.04746 | 0.04648 | 0.04551 |
| 1.70 | 0.04457 | 0.04363 | 0.04272 | 0.04182 | 0.04093 | 0.04006 | 0.03920 | 0.03836 | 0.03754 | 0.03673 |
| 1.80 | 0.03593 | 0.03515 | 0.03438 | 0.03362 | 0.03288 | 0.03216 | 0.03144 | 0.03074 | 0.03005 | 0.02938 |
| 1.90 | 0.02872 | 0.02807 | 0.02743 | 0.02680 | 0.02619 | 0.02559 | 0.02500 | 0.02442 | 0.02385 | 0.02330 |
| 2.00 | 0.02275 | 0.02222 | 0.02169 | 0.02118 | 0.02068 | 0.02018 | 0.01970 | 0.01923 | 0.01876 | 0.01831 |
| 2.10 | 0.01786 | 0.01743 | 0.01700 | 0.01659 | 0.01618 | 0.01578 | 0.01539 | 0.01500 | 0.01463 | 0.01426 |
| 2.20 | 0.01390 | 0.01355 | 0.01321 | 0.01287 | 0.01255 | 0.01222 | 0.01191 | 0.01160 | 0.01130 | 0.01101 |
| 2.30 | 0.01072 | 0.01044 | 0.01017 | 9.903E-03 | 9.642E-03 | 9.387E-03 | 9.137E-03 | 8.894E-03 | 8.656E-03 | 8.424E-03 |
| 2.40 | 8.198E-03 | 7.976E-03 | 7.760E-03 | 7.549E-03 | 7.344E-03 | 7.143E-03 | 6.947E-03 | 6.756E-03 | 6.569E-03 | 6.387E-03 |
| 2.50 | 6.210E-03 | 6.037E-03 | 5.868E-03 | 5.703E-03 | 5.543E-03 | 5.386E-03 | 5.234E-03 | 5.085E-03 | 4.940E-03 | 4.799E-03 |
| 2.60 | 4.661E-03 | 4.527E-03 | 4.396E-03 | 4.269E-03 | 4.145E-03 | 4.025E-03 | 3.907E-03 | 3.793E-03 | 3.681E-03 | 3.573E-03 |
| 2.70 | 3.467E-03 | 3.364E-03 | 3.264E-03 | 3.167E-03 | 3.072E-03 | 2.980E-03 | 2.890E-03 | 2.803E-03 | 2.718E-03 | 2.635E-03 |
| 2.80 | 2.555E-03 | 2.477E-03 | 2.401E-03 | 2.327E-03 | 2.256E-03 | 2.186E-03 | 2.118E-03 | 2.052E-03 | 1.988E-03 | 1.926E-03 |
| 2.90 | 1.866E-03 | 1.807E-03 | 1.750E-03 | 1.695E-03 | 1.641E-03 | 1.589E-03 | 1.538E-03 | 1.489E-03 | 1.441E-03 | 1.395E-03 |
| 3.00 | 1.350E-03 | 1.306E-03 | 1.264E-03 | 1.223E-03 | 1.183E-03 | 1.144E-03 | 1.107E-03 | 1.070E-03 | 1.035E-03 | 1.001E-03 |
| 3.10 | 9.676E-04 | 9.354E-04 | 9.043E-04 | 8.740E-04 | 8.447E-04 | 8.164E-04 | 7.888E-04 | 7.622E-04 | 7.364E-04 | 7.114E-04 |
| 3.20 | 6.871E-04 | 6.637E-04 | 6.410E-04 | 6.190E-04 | 5.976E-04 | 5.770E-04 | 5.571E-04 | 5.377E-04 | 5.190E-04 | 5.009E-04 |
| 3.30 | 4.834E-04 | 4.665E-04 | 4.501E-04 | 4.342E-04 | 4.189E-04 | 4.041E-04 | 3.897E-04 | 3.758E-04 | 3.624E-04 | 3.495E-04 |
| 3.40 | 3.369E-04 | 3.248E-04 | 3.131E-04 | 3.018E-04 | 2.909E-04 | 2.803E-04 | 2.701E-04 | 2.602E-04 | 2.507E-04 | 2.415E-04 |
| 3.50 | 2.326E-04 | 2.241E-04 | 2.158E-04 | 2.078E-04 | 2.001E-04 | 1.926E-04 | 1.854E-04 | 1.785E-04 | 1.718E-04 | 1.653E-04 |
| 3.60 | 1.591E-04 | 1.531E-04 | 1.473E-04 | 1.417E-04 | 1.363E-04 | 1.311E-04 | 1.261E-04 | 1.213E-04 | 1.166E-04 | 1.121E-04 |
| 3.70 | 1.078E-04 | 1.036E-04 | 9.961E-05 | 9.574E-05 | 9.201E-05 | 8.842E-05 | 8.496E-05 | 8.162E-05 | 7.841E-05 | 7.532E-05 |
| 3.80 | 7.235E-05 | 6.948E-05 | 6.673E-05 | 6.407E-05 | 6.152E-05 | 5.906E-05 | 5.669E-05 | 5.442E-05 | 5.223E-05 | 5.012E-05 |
| 3.90 | 4.810E-05 | 4.615E-05 | 4.427E-05 | 4.247E-05 | 4.074E-05 | 3.908E-05 | 3.747E-05 | 3.594E-05 | 3.446E-05 | 3.304E-05 |
| 4.00 | 3.167E-05 | 3.036E-05 | 2.910E-05 | 2.789E-05 | 2.673E-05 | 2.561E-05 | 2.454E-05 | 2.351E-05 | 2.252E-05 | 2.157E-05 |
| 4.10 | 2.066E-05 | 1.978E-05 | 1.894E-05 | 1.814E-05 | 1.737E-05 | 1.662E-05 | 1.591E-05 | 1.523E-05 | 1.458E-05 | 1.395E-05 |
| 4.20 | 1.335E-05 | 1.277E-05 | 1.222E-05 | 1.168E-05 | 1.118E-05 | 1.069E-05 | 1.022E-05 | 9.774E-06 | 9.345E-06 | 8.934E-06 |
| 4.30 | 8.540E-06 | 8.163E-06 | 7.801E-06 | 7.455E-06 | 7.124E-06 | 6.807E-06 | 6.503E-06 | 6.212E-06 | 5.934E-06 | 5.668E-06 |
| 4.40 | 5.413E-06 | 5.169E-06 | 4.935E-06 | 4.712E-06 | 4.498E-06 | 4.294E-06 | 4.098E-06 | 3.911E-06 | 3.732E-06 | 3.561E-06 |
| 4.50 | 3.398E-06 | 3.241E-06 | 3.092E-06 | 2.949E-06 | 2.813E-06 | 2.682E-06 | 2.558E-06 | 2.439E-06 | 2.325E-06 | 2.216E-06 |
| 4.60 | 2.112E-06 | 2.013E-06 | 1.919E-06 | 1.828E-06 | 1.742E-06 | 1.660E-06 | 1.581E-06 | 1.506E-06 | 1.434E-06 | 1.366E-06 |
| 4.70 | 1.301E-06 | 1.239E-06 | 1.179E-06 | 1.123E-06 | 1.069E-06 | 1.017E-06 | 9.680E-07 | 9.211E-07 | 8.765E-07 | 8.339E-07 |
| 4.80 | 7.933E-07 | 7.547E-07 | 7.178E-07 | 6.827E-07 | 6.492E-07 | 6.173E-07 | 5.869E-07 | 5.580E-07 | 5.304E-07 | 5.042E-07 |
| 4.90 | 4.792E-07 | 4.554E-07 | 4.327E-07 | 4.111E-07 | 3.906E-07 | 3.711E-07 | 3.525E-07 | 3.348E-07 | 3.179E-07 | 3.019E-07 |

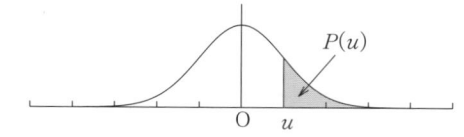

$$P(u) = \frac{1}{2\pi} \int_u^\infty \exp\left(-\frac{u^2}{2}\right) du$$

において $u$ に対する $P$ を与える表

## 付表2　標準正規分布のパーセント点

| $P$ | 0.000 | 0.001 | 0.002 | 0.003 | 0.004 | 0.005 | 0.006 | 0.007 | 0.008 | 0.009 |
|---|---|---|---|---|---|---|---|---|---|---|
| 0.00 | $\infty$ | 3.09023 | 2.87816 | 2.74778 | 2.65207 | 2.57583 | 2.51214 | 2.45726 | 2.40892 | 2.36562 |
| 0.01 | 2.32635 | 2.29037 | 2.25713 | 2.22621 | 2.19729 | 2.17009 | 2.14441 | 2.12007 | 2.09693 | 2.07485 |
| 0.02 | 2.05375 | 2.03352 | 2.01409 | 1.99539 | 1.97737 | 1.95996 | 1.94313 | 1.92684 | 1.91104 | 1.89570 |
| 0.03 | 1.88079 | 1.86630 | 1.85218 | 1.83842 | 1.82501 | 1.81191 | 1.79912 | 1.78661 | 1.77438 | 1.76241 |
| 0.04 | 1.75069 | 1.73920 | 1.72793 | 1.71689 | 1.70604 | 1.69540 | 1.68494 | 1.67466 | 1.66456 | 1.65463 |
| 0.05 | 1.64485 | 1.63523 | 1.62576 | 1.61644 | 1.60725 | 1.59819 | 1.58927 | 1.58047 | 1.57179 | 1.56322 |
| 0.06 | 1.55477 | 1.54643 | 1.53820 | 1.53007 | 1.52204 | 1.51410 | 1.50626 | 1.49851 | 1.49085 | 1.48328 |
| 0.07 | 1.47579 | 1.46838 | 1.46106 | 1.45381 | 1.44663 | 1.43953 | 1.43250 | 1.42554 | 1.41865 | 1.41183 |
| 0.08 | 1.40507 | 1.39838 | 1.39174 | 1.38517 | 1.37866 | 1.37220 | 1.36581 | 1.35946 | 1.35317 | 1.34694 |
| 0.09 | 1.34076 | 1.33462 | 1.32854 | 1.32251 | 1.31652 | 1.31058 | 1.30469 | 1.29884 | 1.29303 | 1.28727 |
| 0.10 | 1.28155 | 1.27587 | 1.27024 | 1.26464 | 1.25908 | 1.25357 | 1.24808 | 1.24264 | 1.23723 | 1.23186 |
| 0.11 | 1.22653 | 1.22123 | 1.21596 | 1.21073 | 1.20553 | 1.20036 | 1.19522 | 1.19012 | 1.18504 | 1.18000 |
| 0.12 | 1.17499 | 1.17000 | 1.16505 | 1.16012 | 1.15522 | 1.15035 | 1.14551 | 1.14069 | 1.13590 | 1.13113 |
| 0.13 | 1.12639 | 1.12168 | 1.11699 | 1.11232 | 1.10768 | 1.10306 | 1.09847 | 1.09390 | 1.08935 | 1.08482 |
| 0.14 | 1.08032 | 1.07584 | 1.07138 | 1.06694 | 1.06252 | 1.05812 | 1.05374 | 1.04939 | 1.04505 | 1.04073 |
| 0.15 | 1.03643 | 1.03215 | 1.02789 | 1.02365 | 1.01943 | 1.01522 | 1.01103 | 1.00686 | 1.00271 | 0.99858 |
| 0.16 | 0.99446 | 0.99036 | 0.98627 | 0.98220 | 0.97815 | 0.97411 | 0.97009 | 0.96609 | 0.96210 | 0.95812 |
| 0.17 | 0.95417 | 0.95022 | 0.94629 | 0.94238 | 0.93848 | 0.93459 | 0.93072 | 0.92686 | 0.92301 | 0.91918 |
| 0.18 | 0.91537 | 0.91156 | 0.90777 | 0.90399 | 0.90023 | 0.89647 | 0.89273 | 0.88901 | 0.88529 | 0.88159 |
| 0.19 | 0.87790 | 0.87422 | 0.87055 | 0.86689 | 0.86325 | 0.85962 | 0.85600 | 0.85239 | 0.84879 | 0.84520 |
| 0.20 | 0.84162 | 0.83805 | 0.83450 | 0.83095 | 0.82742 | 0.82389 | 0.82038 | 0.81687 | 0.81338 | 0.80990 |
| 0.21 | 0.80642 | 0.80296 | 0.79950 | 0.79606 | 0.79262 | 0.78919 | 0.78577 | 0.78237 | 0.77897 | 0.77557 |
| 0.22 | 0.77219 | 0.76882 | 0.76546 | 0.76210 | 0.75875 | 0.75542 | 0.75208 | 0.74876 | 0.74545 | 0.74214 |
| 0.23 | 0.73885 | 0.73556 | 0.73228 | 0.72900 | 0.72574 | 0.72248 | 0.71923 | 0.71599 | 0.71275 | 0.70952 |
| 0.24 | 0.70630 | 0.70309 | 0.69988 | 0.69668 | 0.69349 | 0.69031 | 0.68713 | 0.68396 | 0.68080 | 0.67764 |
| 0.25 | 0.67449 | 0.67135 | 0.66821 | 0.66508 | 0.66196 | 0.65884 | 0.65573 | 0.65262 | 0.64952 | 0.64643 |
| 0.26 | 0.64335 | 0.64027 | 0.63719 | 0.63412 | 0.63106 | 0.62801 | 0.62496 | 0.62191 | 0.61887 | 0.61584 |
| 0.27 | 0.61281 | 0.60979 | 0.60678 | 0.60376 | 0.60076 | 0.59776 | 0.59477 | 0.59178 | 0.58879 | 0.58581 |
| 0.28 | 0.58284 | 0.57987 | 0.57691 | 0.57395 | 0.57100 | 0.56805 | 0.56511 | 0.56217 | 0.55924 | 0.55631 |
| 0.29 | 0.55338 | 0.55047 | 0.54755 | 0.54464 | 0.54174 | 0.53884 | 0.53594 | 0.53305 | 0.53016 | 0.52728 |
| 0.30 | 0.52440 | 0.52153 | 0.51866 | 0.51579 | 0.51293 | 0.51007 | 0.50722 | 0.50437 | 0.50153 | 0.49869 |
| 0.31 | 0.49585 | 0.49302 | 0.49019 | 0.48736 | 0.48454 | 0.48173 | 0.47891 | 0.47610 | 0.47330 | 0.47050 |
| 0.32 | 0.46770 | 0.46490 | 0.46211 | 0.45933 | 0.45654 | 0.45376 | 0.45099 | 0.44821 | 0.44544 | 0.44268 |
| 0.33 | 0.43991 | 0.43715 | 0.43440 | 0.43164 | 0.42889 | 0.42615 | 0.42340 | 0.42066 | 0.41793 | 0.41519 |
| 0.34 | 0.41246 | 0.40974 | 0.40701 | 0.40429 | 0.40157 | 0.39886 | 0.39614 | 0.39343 | 0.39073 | 0.38802 |
| 0.35 | 0.38532 | 0.38262 | 0.37993 | 0.37723 | 0.37454 | 0.37186 | 0.36917 | 0.36649 | 0.36381 | 0.36113 |
| 0.36 | 0.35846 | 0.35579 | 0.35312 | 0.35045 | 0.34779 | 0.34513 | 0.34247 | 0.33981 | 0.33716 | 0.33450 |
| 0.37 | 0.33185 | 0.32921 | 0.32656 | 0.32392 | 0.32128 | 0.31864 | 0.31600 | 0.31337 | 0.31074 | 0.30811 |
| 0.38 | 0.30548 | 0.30286 | 0.30023 | 0.29761 | 0.29499 | 0.29237 | 0.28976 | 0.28715 | 0.28454 | 0.28193 |
| 0.39 | 0.27932 | 0.27671 | 0.27411 | 0.27151 | 0.26891 | 0.26631 | 0.26371 | 0.26112 | 0.25853 | 0.25594 |
| 0.40 | 0.25335 | 0.25076 | 0.24817 | 0.24559 | 0.24301 | 0.24043 | 0.23785 | 0.23527 | 0.23269 | 0.23012 |
| 0.41 | 0.22754 | 0.22497 | 0.22240 | 0.21983 | 0.21727 | 0.21470 | 0.21214 | 0.20957 | 0.20701 | 0.20445 |
| 0.42 | 0.20189 | 0.19934 | 0.19678 | 0.19422 | 0.19167 | 0.18912 | 0.18657 | 0.18402 | 0.18147 | 0.17892 |
| 0.43 | 0.17637 | 0.17383 | 0.17128 | 0.16874 | 0.16620 | 0.16366 | 0.16112 | 0.15858 | 0.15604 | 0.15351 |
| 0.44 | 0.15097 | 0.14843 | 0.14590 | 0.14337 | 0.14084 | 0.13830 | 0.13577 | 0.13324 | 0.13072 | 0.12819 |
| 0.45 | 0.12566 | 0.12314 | 0.12061 | 0.11809 | 0.11556 | 0.11304 | 0.11052 | 0.10799 | 0.10547 | 0.10295 |
| 0.46 | 0.10043 | 0.09791 | 0.09540 | 0.09288 | 0.09036 | 0.08784 | 0.08533 | 0.08281 | 0.08030 | 0.07778 |
| 0.47 | 0.07527 | 0.07276 | 0.07024 | 0.06773 | 0.06522 | 0.06271 | 0.06020 | 0.05768 | 0.05517 | 0.05266 |
| 0.48 | 0.05015 | 0.04764 | 0.04513 | 0.04263 | 0.04012 | 0.03761 | 0.03510 | 0.03259 | 0.03008 | 0.02758 |
| 0.49 | 0.02507 | 0.02256 | 0.02005 | 0.01755 | 0.01504 | 0.01253 | 0.01003 | 0.00752 | 0.00501 | 0.00251 |

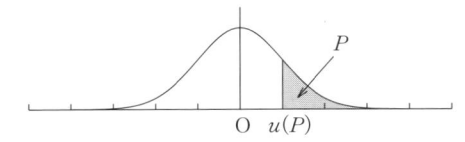

$$P(u) = \frac{1}{2\pi} \int_u^\infty \exp\left(-\frac{u^2}{2}\right) du$$

において $P(u)$ に対する $u$ を与える表

**付表 3** ガンマ関数表

| $x$ | $\Gamma(1+x)$ | $x$ | $\Gamma(1+x)$ | $x$ | $\Gamma(1+x)$ | $x$ | $\Gamma(1+x)$ |
|---|---|---|---|---|---|---|---|
| 0.00 | 1.000000 | 0.26 | 0.904358 | 0.51 | 0.886634 | 0.76 | 0.921331 |
| 0.01 | 0.994346 | 0.27 | 0.902468 | 0.52 | 0.887078 | 0.77 | 0.923721 |
| 0.02 | 0.988878 | 0.28 | 0.900687 | 0.53 | 0.887604 | 0.78 | 0.926188 |
| 0.03 | 0.983592 | 0.29 | 0.899015 | 0.54 | 0.888211 | 0.79 | 0.928731 |
| 0.04 | 0.978484 | 0.30 | 0.897449 | 0.55 | 0.888897 | 0.80 | 0.931352 |
| 0.05 | 0.973550 | 0.31 | 0.895988 | 0.56 | 0.889664 | 0.81 | 0.934049 |
| 0.06 | 0.968787 | 0.32 | 0.894630 | 0.57 | 0.890510 | 0.82 | 0.936823 |
| 0.07 | 0.964191 | 0.33 | 0.893373 | 0.58 | 0.891435 | 0.83 | 0.939675 |
| 0.08 | 0.959757 | 0.34 | 0.892216 | 0.59 | 0.892438 | 0.84 | 0.942603 |
| 0.09 | 0.955484 | 0.35 | 0.891158 | 0.60 | 0.893520 | 0.85 | 0.945609 |
| 0.10 | 0.951367 | 0.36 | 0.890196 | 0.61 | 0.894680 | 0.86 | 0.948691 |
| 0.11 | 0.947404 | 0.37 | 0.889330 | 0.62 | 0.895918 | 0.87 | 0.951852 |
| 0.12 | 0.943590 | 0.38 | 0.888559 | 0.63 | 0.897233 | 0.88 | 0.955089 |
| 0.13 | 0.939923 | 0.39 | 0.887881 | 0.64 | 0.898626 | 0.89 | 0.958404 |
| 0.14 | 0.936400 | 0.40 | 0.887295 | 0.65 | 0.900096 | 0.90 | 0.961797 |
| 0.15 | 0.933018 | 0.41 | 0.886799 | 0.66 | 0.901642 | 0.91 | 0.965267 |
| 0.16 | 0.929774 | 0.42 | 0.886394 | 0.67 | 0.903266 | 0.92 | 0.968816 |
| 0.17 | 0.926666 | 0.43 | 0.886077 | 0.68 | 0.904967 | 0.93 | 0.972441 |
| 0.18 | 0.923689 | 0.44 | 0.885848 | 0.69 | 0.906744 | 0.94 | 0.976145 |
| 0.19 | 0.920843 | 0.45 | 0.885706 | 0.70 | 0.908598 | 0.95 | 0.979926 |
| 0.20 | 0.918125 | 0.46 | 0.885650 | 0.71 | 0.910529 | 0.96 | 0.983785 |
| 0.21 | 0.915531 | 0.47 | 0.885679 | 0.72 | 0.912536 | 0.97 | 0.987722 |
| 0.22 | 0.913060 | 0.48 | 0.885793 | 0.73 | 0.914620 | 0.98 | 0.991737 |
| 0.23 | 0.910709 | 0.49 | 0.885990 | 0.74 | 0.916780 | 0.99 | 0.995830 |
| 0.24 | 0.908477 | 0.50 | 0.886271 | 0.75 | 0.919017 | 1.00 | 1.000000 |

$$\Gamma(1+x) = 1 - 0.574\,864\,6x + 0.951\,236\,3x^2 - 0.699\,858\,8x^3$$
$$+ 0.424\,554\,9x^4 - 0.101\,067\,8x^5 \tag{6.39}$$

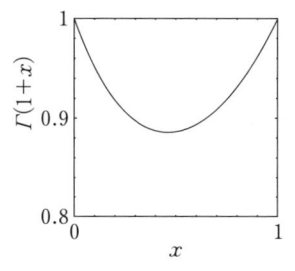

## 付表4 $\chi^2$分布のパーセント点

| 自由度 | $\gamma$ | | | | | | | | | | |
|---|---|---|---|---|---|---|---|---|---|---|---|
| | 0.995 | 0.990 | 0.950 | 0.900 | 0.750 | 0.500 | 0.250 | 0.100 | 0.050 | 0.100 | 0.050 |
| 1 | 3.927E-05 | 1.571E-04 | 3.932E-03 | 0.01579 | 0.10153 | 0.45494 | 1.3233 | 2.7055 | 3.8415 | 2.7055 | 3.8415 |
| 2 | 0.01003 | 0.02010 | 0.10259 | 0.21072 | 0.57536 | 1.3863 | 2.7726 | 4.6052 | 5.9915 | 4.6052 | 5.9915 |
| 3 | 0.07172 | 0.11483 | 0.35185 | 0.58437 | 1.2125 | 2.3660 | 4.1083 | 6.2514 | 7.8147 | 6.2514 | 7.8147 |
| 4 | 0.20699 | 0.29711 | 0.71072 | 1.0636 | 1.9226 | 3.3567 | 5.3853 | 7.7794 | 9.4877 | 7.7794 | 9.4877 |
| 5 | 0.41174 | 0.55430 | 1.1455 | 1.6103 | 2.6746 | 4.3515 | 6.6257 | 9.2364 | 11.0705 | 9.2364 | 11.0705 |
| 6 | 0.67573 | 0.87209 | 1.6354 | 2.2041 | 3.4546 | 5.3481 | 7.8408 | 10.6446 | 12.5916 | 10.6446 | 12.5916 |
| 7 | 0.98926 | 1.2390 | 2.1673 | 2.8331 | 4.2549 | 6.3458 | 9.0371 | 12.0170 | 14.0671 | 12.0170 | 14.0671 |
| 8 | 1.3444 | 1.6465 | 2.7326 | 3.4895 | 5.0706 | 7.3441 | 10.2189 | 13.3616 | 15.5073 | 13.3616 | 15.5073 |
| 9 | 1.7349 | 2.0879 | 3.3251 | 4.1682 | 5.8988 | 8.3428 | 11.3888 | 14.6837 | 16.9190 | 14.6837 | 16.9190 |
| 10 | 2.1559 | 2.5582 | 3.9403 | 4.8652 | 6.7372 | 9.3418 | 12.5489 | 15.9872 | 18.3070 | 15.9872 | 18.3070 |
| 11 | 2.6032 | 3.0535 | 4.5748 | 5.5778 | 7.5841 | 10.3410 | 13.7007 | 17.2750 | 19.6751 | 17.2750 | 19.6751 |
| 12 | 3.0738 | 3.5706 | 5.2260 | 6.3038 | 8.4384 | 11.3403 | 14.8454 | 18.5493 | 21.0261 | 18.5493 | 21.0261 |
| 13 | 3.5650 | 4.1069 | 5.8919 | 7.0415 | 9.2991 | 12.3398 | 15.9839 | 19.8119 | 22.3620 | 19.8119 | 22.3620 |
| 14 | 4.0747 | 4.6604 | 6.5706 | 7.7895 | 10.1653 | 13.3393 | 17.1169 | 21.0641 | 23.6848 | 21.0641 | 23.6848 |
| 15 | 4.6009 | 5.2293 | 7.2609 | 8.5468 | 11.0365 | 14.3389 | 18.2451 | 22.3071 | 24.9958 | 22.3071 | 24.9958 |
| 16 | 5.1422 | 5.8122 | 7.9616 | 9.3122 | 11.9122 | 15.3385 | 19.3689 | 23.5418 | 26.2962 | 23.5418 | 26.2962 |
| 17 | 5.6972 | 6.4078 | 8.6718 | 10.0852 | 12.7919 | 16.3382 | 20.4887 | 24.7690 | 27.5871 | 24.7690 | 27.5871 |
| 18 | 6.2648 | 7.0149 | 9.3905 | 10.8649 | 13.6753 | 17.3379 | 21.6049 | 25.9894 | 28.8693 | 25.9894 | 28.8693 |
| 19 | 6.8440 | 7.6327 | 10.1170 | 11.6509 | 14.5620 | 18.3377 | 22.7178 | 27.2036 | 30.1435 | 27.2036 | 30.1435 |
| 20 | 7.4338 | 8.2604 | 10.8508 | 12.4426 | 15.4518 | 19.3374 | 23.8277 | 28.4120 | 31.4104 | 28.4120 | 31.4104 |
| 21 | 8.0337 | 8.8972 | 11.5913 | 13.2396 | 16.3444 | 20.3372 | 24.9348 | 29.6151 | 32.6706 | 29.6151 | 32.6706 |
| 22 | 8.6427 | 9.5425 | 12.3380 | 14.0415 | 17.2396 | 21.3370 | 26.0393 | 30.8133 | 33.9244 | 30.8133 | 33.9244 |
| 23 | 9.2604 | 10.1957 | 13.0905 | 14.8480 | 18.1373 | 22.3369 | 27.1413 | 32.0069 | 35.1725 | 32.0069 | 35.1725 |
| 24 | 9.8862 | 10.8564 | 13.8484 | 15.6587 | 19.0373 | 23.3367 | 28.2412 | 33.1962 | 36.4150 | 33.1962 | 36.4150 |
| 25 | 10.5197 | 11.5240 | 14.6114 | 16.4734 | 19.9393 | 24.3366 | 29.3389 | 34.3816 | 37.6525 | 34.3816 | 37.6525 |
| 26 | 11.1602 | 12.1981 | 15.3792 | 17.2919 | 20.8434 | 25.3365 | 30.4346 | 35.5632 | 38.8851 | 35.5632 | 38.8851 |
| 27 | 11.8076 | 12.8785 | 16.1514 | 18.1139 | 21.7494 | 26.3363 | 31.5284 | 36.7412 | 40.1133 | 36.7412 | 40.1133 |
| 28 | 12.4613 | 13.5647 | 16.9279 | 18.9392 | 22.6572 | 27.3362 | 32.6205 | 37.9159 | 41.3371 | 37.9159 | 41.3371 |
| 29 | 13.1211 | 14.2565 | 17.7084 | 19.7677 | 23.5666 | 28.3361 | 33.7109 | 39.0875 | 42.5570 | 39.0875 | 42.5570 |
| 30 | 13.7867 | 14.9535 | 18.4927 | 20.5992 | 24.4776 | 29.3360 | 34.7997 | 40.2560 | 43.7730 | 40.2560 | 43.7730 |
| 31 | 14.4578 | 15.6555 | 19.2806 | 21.4336 | 25.3901 | 30.3359 | 35.8871 | 41.4217 | 44.9853 | 41.4217 | 44.9853 |
| 32 | 15.1340 | 16.3622 | 20.0719 | 22.2706 | 26.3041 | 31.3359 | 36.9730 | 42.5847 | 46.1943 | 42.5847 | 46.1943 |
| 33 | 15.8153 | 17.0735 | 20.8665 | 23.1102 | 27.2194 | 32.3358 | 38.0575 | 43.7452 | 47.3999 | 43.7452 | 47.3999 |
| 34 | 16.5013 | 17.7891 | 21.6643 | 23.9523 | 28.1361 | 33.3357 | 39.1408 | 44.9032 | 48.6024 | 44.9032 | 48.6024 |
| 35 | 17.1918 | 18.5089 | 22.4650 | 24.7967 | 29.0540 | 34.3356 | 40.2228 | 46.0588 | 49.8018 | 46.0588 | 49.8018 |
| 36 | 17.8867 | 19.2327 | 23.2686 | 25.6433 | 29.9730 | 35.3356 | 41.3036 | 47.2122 | 50.9985 | 47.2122 | 50.9985 |
| 37 | 18.5858 | 19.9602 | 24.0749 | 26.4921 | 30.8933 | 36.3355 | 42.3833 | 48.3634 | 52.1923 | 48.3634 | 52.1923 |
| 38 | 19.2889 | 20.6914 | 24.8839 | 27.3430 | 31.8146 | 37.3355 | 43.4619 | 49.5126 | 53.3835 | 49.5126 | 53.3835 |
| 39 | 19.9959 | 21.4262 | 25.6954 | 28.1958 | 32.7369 | 38.3354 | 44.5395 | 50.6598 | 54.5722 | 50.6598 | 54.5722 |
| 40 | 20.7065 | 22.1643 | 26.5093 | 29.0505 | 33.6603 | 39.3353 | 45.6160 | 51.8051 | 55.7585 | 51.8051 | 55.7585 |
| 41 | 21.4208 | 22.9056 | 27.3256 | 29.9071 | 34.5846 | 40.3353 | 46.6916 | 52.9485 | 56.9424 | 52.9485 | 56.9424 |
| 42 | 22.1385 | 23.6501 | 28.1440 | 30.7654 | 35.5099 | 41.3352 | 47.7663 | 54.0902 | 58.1240 | 54.0902 | 58.1240 |
| 43 | 22.8595 | 24.3976 | 28.9647 | 31.6255 | 36.4361 | 42.3352 | 48.8400 | 55.2302 | 59.3035 | 55.2302 | 59.3035 |
| 44 | 23.5837 | 25.1480 | 29.7875 | 32.4871 | 37.3631 | 43.3352 | 49.9129 | 56.3685 | 60.4809 | 56.3685 | 60.4809 |
| 45 | 24.3110 | 25.9013 | 30.6123 | 33.3504 | 38.2910 | 44.3351 | 50.9849 | 57.5053 | 61.6562 | 57.5053 | 61.6562 |
| 46 | 25.0413 | 26.6572 | 31.4390 | 34.2152 | 39.2197 | 45.3351 | 52.0562 | 58.6405 | 62.8296 | 58.6405 | 62.8296 |
| 47 | 25.7746 | 27.4158 | 32.2676 | 35.0814 | 40.1492 | 46.3350 | 53.1267 | 59.7743 | 64.0011 | 59.7743 | 64.0011 |
| 48 | 26.5106 | 28.1770 | 33.0981 | 35.9491 | 41.0794 | 47.3350 | 54.1964 | 60.9066 | 65.1708 | 60.9066 | 65.1708 |
| 49 | 27.2493 | 28.9406 | 33.9303 | 36.8182 | 42.0104 | 48.3350 | 55.2653 | 62.0375 | 66.3386 | 62.0375 | 66.3386 |
| 50 | 27.9907 | 29.7067 | 34.7643 | 37.6886 | 42.9421 | 49.3349 | 56.3336 | 63.1671 | 67.5048 | 63.1671 | 67.5048 |

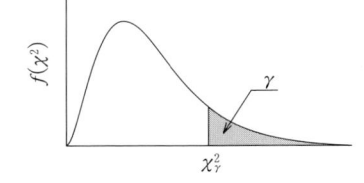

自由度 $f$ と上側確率 $\gamma$ を与え $\chi^2$ の値を求める表

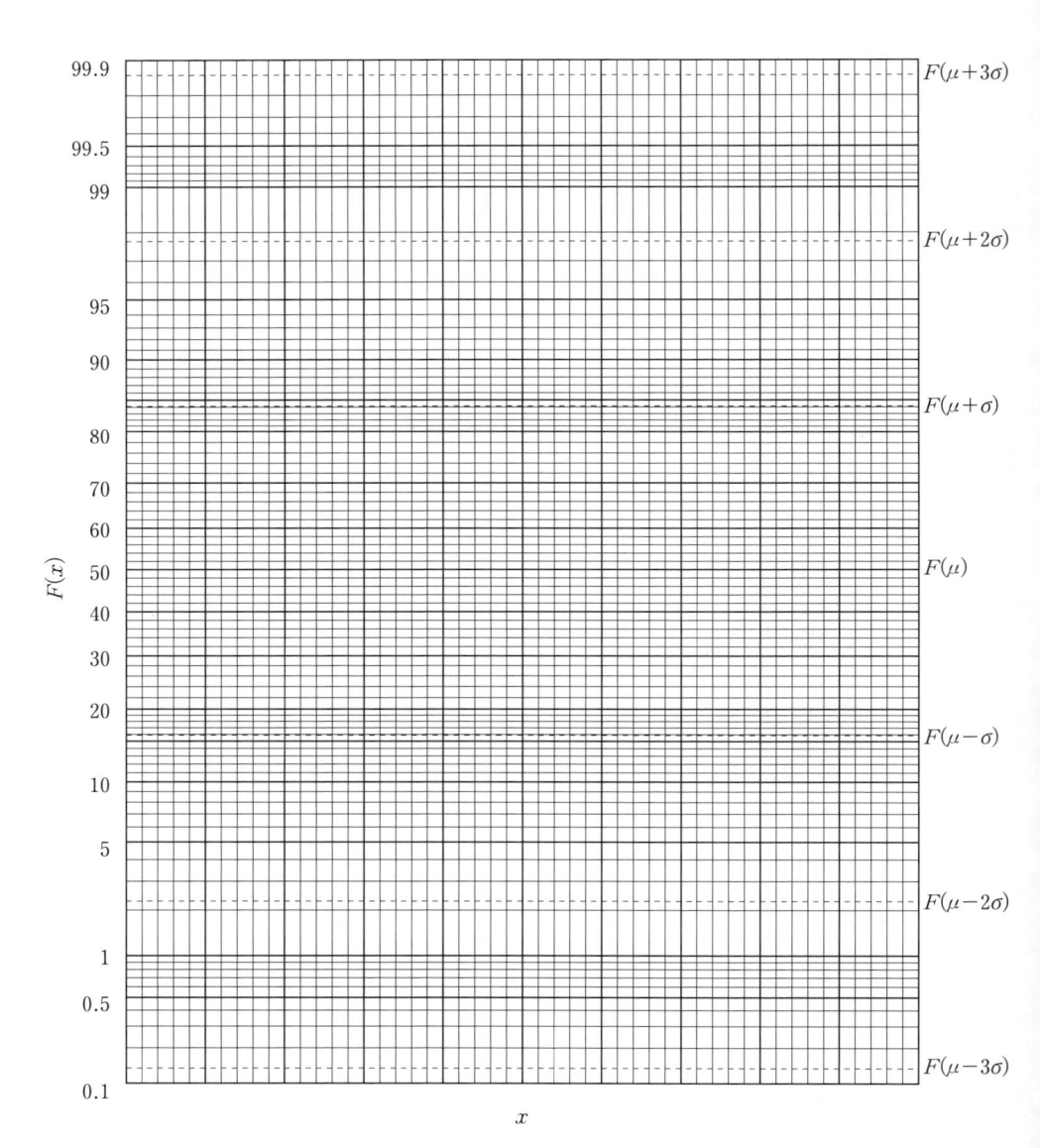

**付図 1** 正規確率紙

付録 *169*

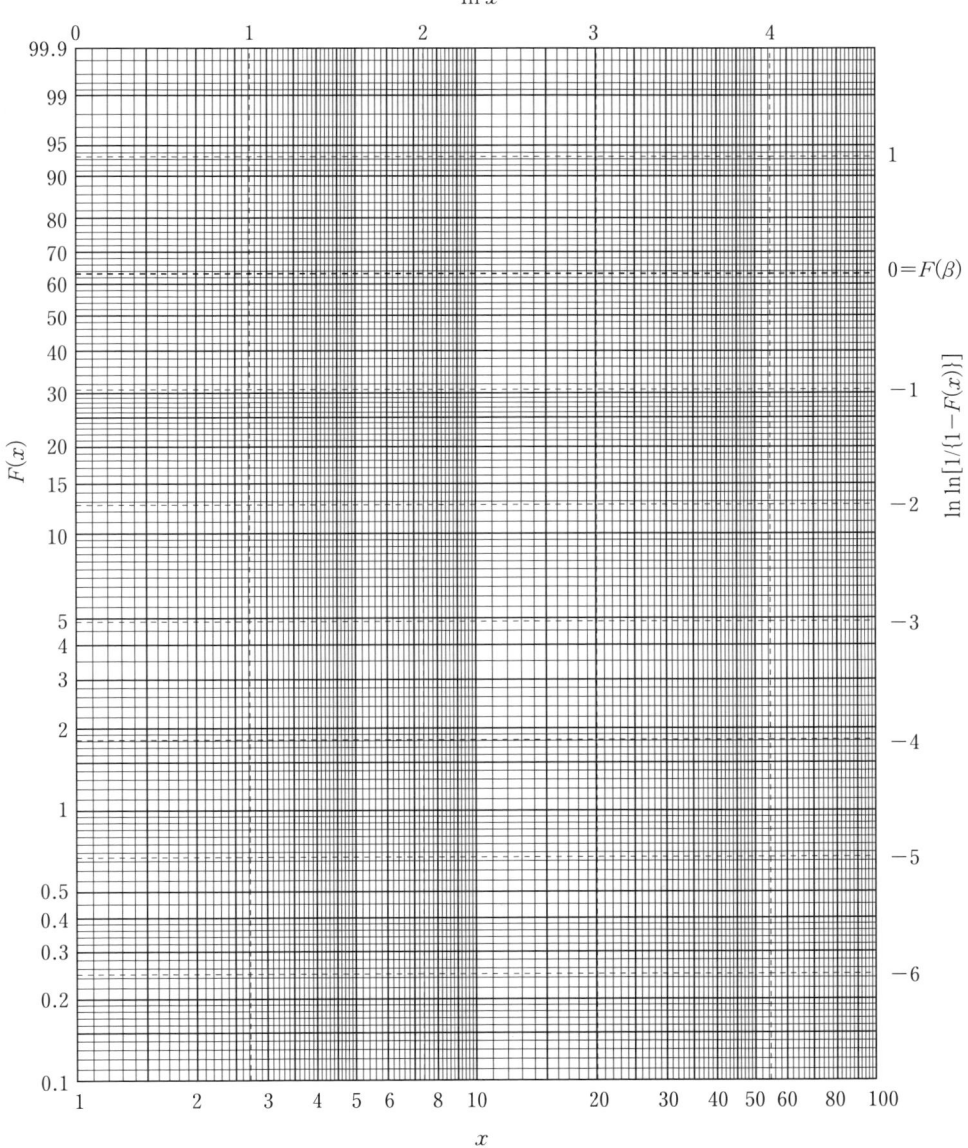

**付図2** ワイブル確率紙

# 引用・参考文献

## 1章
1) 横堀武夫：材料強度学 第2版，岩波全書（1974）
2) 大南正瑛 編：総合材料強度学講座（全8巻），オーム社（1984）
3) 村上理一，高尾健一，萩山博之：材料強度学入門，西日本法規出版（1995）
4) 星出敏彦：基礎強度学 破壊力学と信頼性解析への入門，内田老鶴圃（1998）
5) 加藤雅治，熊井真次，尾中 晋：マテリアル工学シリーズ3 材料強度学，朝倉書店（1999）
6) 日本材料学会 編：改訂 材料強度学，日本材料学会（2005）
7) 大路清嗣，中井善一：機械系 大学講義シリーズ5 材料強度，コロナ社（2006）
8) 田中啓介：機械工学基礎コース 材料強度学，丸善（2008）

## 2章
1) 日本機械学会 編：JSMEテキストシリーズ 機械材料学，p.28（2008）
2) J.C. Fisher et al. (ed.)：Dislocations and Mechanical Properties of Crystals（1957）

## 3章
1) 小林英男 編著：破壊事故 －失敗知識の活用－，共立出版（2007）
2) 吉田総仁：弾塑性力学の基礎，共立出版（1999）
3) 田中啓介：機械工学基礎コース 材料強度学，丸善（2008）
4) G.R. Irwin：Fracture, Handbuch der Physik VI, pp.551〜590（1958）
5) D.S. Dugdale：Yielding of Steel Sheets Containing Slits, J. Mech. Phys. Solids, 8, pp.100〜104（1959）
6) 黒木剛司郎，大森宮治郎：金属の強度と破壊，森北出版（1977）
7) 星出敏彦：基礎強度学 －破壊力学と信頼性解析への入門，内田老鶴圃（1998）
8) A.A. Griffith：The Phenomena of Rupture and Flow in Solids, Philosophical

Transactions of The Royal Society, A221, pp.163〜198 (1920)
9) 國尾 武, 中沢 一, 林 郁彦, 岡村弘之：破壊力学実験法, 朝倉書店 (1984)

## 4章
1) 日本材料学会疲労部門委員会 編：金属疲労研究の歴史, 日本材料学会 (1988)
2) 例えば, http://www.afgrow.net/applications/DTDHandbook/[†1]
3) 高橋団吉：新幹線をつくった男 島秀雄物語, 小学館 (2000)
4) 斎藤雅男：新幹線安全神話はこうして作られた, B&Tブックス (2006)
5) 秋庭義明：金属疲労と疲労破壊の考え方, 金属, **79**, 7, pp.584〜589 (2009)[†2]
6) 例えば, 日本材料学会フラクトグラフィ部門委員会 編：フラクトグラフィ－破面と破壊情報解析－, 丸善 (2000)
7) 材料強度確率モデル研究会 編：材料強度の統計的性質, 養賢堂 (1992)
8) 日本機械学会 編：統計的疲労試験方法（改訂版）, 日本機械学会 (1994)
9) 日本材料学会 編：金属材料疲労信頼性評価標準（$S$-$N$曲線回帰法）, 日本材料学会 (2004)
10) 日本材料学会 編：疲労設計便覧, 養賢堂 (1995)
11) 日本機械学会 編：金属材料疲労強度の設計資料Ⅰ, 日本機械学会 (1982)
12) 例えば, http://www.kobelco.co.jp/titan/files/details.pdf
13) 村上敬宜：金属疲労微小欠陥と介在物の影響, 養賢堂 (1993)
14) 野口博司, 森重利紀, 藤井 匠, 川添宇昭, 濱田 繁：日本材料学会第56期通常総会・学術講演会講演論文集 (2007)
15) 城野政弘, 宋 智浩：疲労き裂（き裂開閉口と進展速度推定法）, 大阪大学出版 (2005)

## 5章
1) 堀内 良・金子純一・大塚正久 共訳：材料工学入門, 正しい材料選択のために, 内田老鶴圃 (1986)
2) M.F. Ashby：Acta Met., 20, pp.887〜897 (1972)
3) 独立行政法人物質・材料研究機構：物質・材料研究機構クリープデータシー

---

[†1] 本書に掲載されるURLについては, 2011年3月当時のものであり, 変更される場合がある.
[†2] 論文誌の巻番号は太字, 号番号は細字で表記する.

ト：NIMS CREEP DATA SHEET, 56（2009）
4) 日本材料学会 編：改訂 材料強度学，日本材料学会（2005）
5) 中久喜英夫，丸山浩一，及川 洪，山羊晃一：鉄と鋼，81，p.220（1995）
6) ASME Boiler and Pressure Vessel Code, Section Ⅲ, Case N47-14（1978）
7) 坂根政男，大南正瑛，阿波屋義照，白藤中生：第21回高温強度シンポジウム前刷集，p.102（1983）
8) 日本材料学会高温強度部門委員会 編：寿命・余寿命評価法検討作業グループ報告書（1999）

## 6章

1) 岡村弘之，板垣 浩：破壊力学と材料強度講座6 強度の統計的取扱い＝構造強度信頼性工学，培風館（1979）
2) 日本材料学会 編：機械・構造系技術者のための実用信頼性工学，養賢堂（1987）
3) 市川昌弘：構造信頼性工学 －強度設計と寿命予測のための信頼性手法，海文堂出版（1988）
4) 市川昌弘：機械工学選書 信頼性工学，裳華房（1990）
5) 星出敏彦：基礎強度学 破壊力学と信頼性解析への入門，6章，内田老鶴圃（1998）
6) 清水茂夫：機械系のための信頼性設計入門，数理工学社（2006）
7) 福井泰好：入門 信頼性工学 確率・統計の信頼性への適用，森北出版（2006）
8) 材料強度確率モデル研究会 編：材料強度の統計的性質 －各種材料強度データの分布特性－，養賢堂（1992）
9) 木村雄二 他：連載講座 材料強度の確率モデル，機械の研究，**48**-7～**53**-11，養賢堂（1996-Jul.～2001-Nov.）
10) DATABOOK ON FATIGUE STRENGTH OF METALLIC MATERIALS, The Society of Materials Science, JAPAN and Elsevier（1996）
11) デイペンダビリティ（信頼性）用語，JIS Z 8115：2000，日本規格協会（2000）
12) H.E. Daniels：Proc. Roy. Soc. London, Ser.A, 183, p.405（1945）
13) W. Weibull：A Statistical Distribution Function of Wide Applicability, Journal of Applied Mechanics, pp.293～297（Sep. 1951）
14) F.T. Peirce：J. Text. Inst., 17, p.355（1926）
15) R.A. Fisher and L.H. C-Tippett：Proc. Cambridge Phil. Soc., 24, p.180（1928）
16) 平田森三：ガラスの破断強度に関する確率論的考察，統計数理研究，3，p.57（1949）
17) 横堀武夫：材料強度学，技報堂（1955）
18) 横堀武夫：材料強度学 岩波全書第2版，岩波書店（1974）

19) E.J. Gumbel：Statistics of Extremes, Columbia University Press（1958）
20) 日本セラミックス協会 編：セラミック先端材料, pp.107〜108, オーム社（1991）
21) D.B. Kececioglu, 下河利行：2母数ワイブル分布における最良母数推定法の選択：材料強度分布の母数推定に関連して, 材料, **30**, 335, pp.829〜835（1981）
22) ファインセラミックスの強さデータのワイブル統計解析法, JIS R 1625：2010, 日本規格協会（2010）
23) 西島　敏, 増田千利：S45C材の確率疲労特性, 材料, **22**, 243, pp.1097〜1103（Dec. 1973）
24) 西島　敏：2種の鋼における確率疲労特性のチャージ間比較, 材料, **25**, 268, pp.53〜60（Jan. 1976）
25) 真壁　肇：ワイブル確率紙の使い方　信頼性のための統計的解析, 日本規格協会（1966）
26) 田中道七, 酒井達雄：3母数ワイブル分布の母数推定について（疲労寿命分布の母数推定に関連して）, 材料, **28**, 304, pp.13〜19（Jan. 1979）
27) 酒井達雄, 田中道七：3母数ワイブル分布の母数推定について（疲労寿命分布の母数推定に関連して）［続報］, 材料, **29**, 316, pp.17〜23（Jan. 1980）
28) 酒井達雄, 田中道七：講座　機械・構造物の信頼性設計　6. 母数推定の統計的手法, 材料, **31**, 348, pp.941〜947（Sep. 1982）
29) 酒井達雄, 鈴木幹彦：炭素鋼S35Cの各種機械的性質の分布特性と各強度特性値間の相関性について, 日本機械学会論文集（A編）, **54**, 506, pp.1925〜1930（Oct. 1988）
30) The Society of Materials Science, JAPAN Ed.：Standard Evaluation Method of Fatigue Reliability for Metallic Materials —Standard Regression Method of $S$-$N$ Curves—, JSMS-SD-11-07, The Society of Materials Science, JAPAN（2007）；日本材料学会 編：金属材料疲労信頼性評価標準 —$S$-$N$曲線回帰法—, JSMS-SD-6-08, 日本材料学会（2008）
31) 酒井達雄, 田中伸明, 岡田憲司, 古市真知子, 西川　出, 菅田　淳：金属材料疲労強度データベースによるSCM435鋼の超長寿命確率疲労特性の解析, 日本機械学会論文集（A編）, **70**, 696, pp.1102〜1109（Aug. 2004）
32) 岡田憲司, 岡　憲司, 菅田　淳, 酒井達雄, 西川　出, 境田彰芳：金属材料疲労強度データベースによる極低炭素鋼の回転曲げ確率疲労特性の解析, 材料, **56**, 12, pp.1170〜1176（Dec. 2007）
33) 花木　聡, 岡田憲司, 菅田　淳, 西川　出, 境田彰芳, 酒井達雄：金属材料疲労強度データベースによる高強度鋼の回転曲げ確率疲労特性の解析, 材料, **59**, 5, pp.375〜382（May 2010）

# 演習問題解答

**2章**
- 【1】 略
- 【2】 ヤング率は約 70 GPa, 0.2%耐力は約 88 MPa となる（**図 2.3** 参照）。
- 【3】 略
- 【4】 略
- 【5】（1） すべりはシュミット因子が最大となる方向に起こる。いま，$\phi$ は 30° であるので，最大の $\cos \lambda$ となるすべり系となる。したがって，63° の方向となる。
  （2） シュミット因子は $\cos \lambda \cos \phi = 0.393$
  （3） $\tau_c = \sigma \cos \lambda \cos \phi = 50 \times 0.393 = 19.7$〔MPa〕
- 【6】 棒材に生ずるひずみは $8 \times 10^{-4}$ となる。軟鋼のヤング率は**表 2.1** より 206 GPa であることから，フックの法則より必要な応力は 165 MPa となる。したがって，棒材の断面積より棒材に負荷される荷重は 3 232 N（330 kgf）となる。軟鋼のポアソン比は**表 2.1** より 0.3 であることから，直径方向のひずみは $2.4 \times 10^{-4}$ となる。したがって，負荷時の直径は 4.999 mm となり，無負荷時とほとんど変化がない。
- 【7】 式 (2.3) の両辺の対数をとると，$\log \sigma = \log K + n \log \varepsilon$ となる。この式に測定した値を代入すると

  $$\log(450 \times 10^6) = \log K + n \log 0.05$$
  $$\log(560 \times 10^6) = \log K + n \log 0.08$$

  となる。上式より $K$ と $n$ を求めると，$K = 1\,813$ MPa, $n = 0.47$ となる。
- 【8】 析出強化において，析出物をう回するために必要な応力，オロワンの応力は式 (2.14) で与えられる。すべり面上における析出粒子の表面間距離 $l$ をまず算出する。均一に分散している析出物の直径を $d$ とすると，体積割合 $f$ は面積割合と等しいと考えて

  $$f = \frac{\dfrac{\pi d^2}{4}}{(l+d)^2} = 0.05$$

演 習 問 題 解 答　　*175*

となる。ここで, $d = 100\,\text{nm}$ および $200\,\text{nm}$ であることから, $l+d$ はそれぞれ $396\,\text{nm}$ と $793\,\text{nm}$ となる。すなわち $l$ はそれぞれ $296\,\text{nm}$ と $593\,\text{nm}$ となる。したがって転位がう回して運動するための応力は式 (*2.14*) より $100\,\text{nm}$ の析出物の場合 $81\,\text{MPa}$, $200\,\text{nm}$ の場合 $40\,\text{MPa}$ が必要となる。

【9】　略

## 3章

【1】　板材に作用する引張応力 $\sigma$ は例題 ***3.2*** と同じである。

$$\alpha = \frac{40}{120} \fallingdotseq 0.33$$

また, 補正係数 $F$ はつぎのとおりである。

$$F(0.33) = \sqrt{\frac{2}{0.33\pi}\tan\frac{0.33\pi}{2}}\,\frac{0.752 + 2.02\times 0.33 + 0.37\left(1-\sin\dfrac{0.33\pi}{2}\right)^3}{\cos\dfrac{0.33\pi}{2}}$$

$$\fallingdotseq 1.77$$

さらに, 応力拡大係数は以下のようになる。

$$K_\text{I} = 83\,[\text{MPa}] \times \sqrt{\pi \times 0.04\,[\text{m}]} \times 1.77 \fallingdotseq 52.1\,[\text{MPa}\cdot\sqrt{\text{m}}]$$

【2】　板材に作用する引張応力 $\sigma$ は例題 ***3.2*** と同じで, 応力拡大係数 $K_\text{I}$ および $K_\text{II}$ は下記のとおりである。

$$K_\text{I} = 83\,[\text{MPa}] \times \sqrt{\pi \times 0.02\,[\text{m}]} \times \sin^2\frac{\pi}{3} \fallingdotseq 15.6\,[\text{MPa}\cdot\sqrt{\text{m}}]$$

$$K_\text{II} = 83\,[\text{MPa}] \times \sqrt{\pi \times 0.02\,[\text{m}]} \times \sin\frac{\pi}{3}\cos\frac{\pi}{3} \fallingdotseq 9.0\,[\text{MPa}\cdot\sqrt{\text{m}}]$$

【3】　得られた破壊じん性値が平面ひずみ破壊じん性値であるかについては, 式 (*3.86*) を用いて板厚, き裂長さ, 板幅（き裂長さを引いた値）を確認する必要がある。

$$2.5\left(\frac{26}{1\,100}\right)^2 \fallingdotseq 1.40 \times 10^{-3}\,[\text{m}] = 1.40\,[\text{mm}]$$

ゆえに, 板厚, き裂長さ, リガメント幅はこの値よりも大きいので, 平面ひずみ破壊じん性値と考えてよい。

【4】　き裂先端近傍の応力状態は式 (*3.18*) で表される。この式を用いて主応力を求めると次式のようになる。

$$\left.\begin{aligned}\sigma_1 &= \frac{K_\text{I}}{\sqrt{2\pi r}}\left(\cos\frac{\theta}{2}\right)\left(1+\sin\frac{\theta}{2}\right) \\ \sigma_2 &= \frac{K_\text{I}}{\sqrt{2\pi r}}\left(\cos\frac{\theta}{2}\right)\left(1-\sin\frac{\theta}{2}\right)\end{aligned}\right\}$$

平面ひずみ状態では
$$\sigma_3 = \frac{2\nu K_1}{\sqrt{2\pi r}}\left(\cos\frac{\theta}{2}\right)$$
平面応力状態では
$$\sigma_3 = 0$$
となる。

トレスカの説では主せん断応力の最大値が材料の限界値に達したときに降伏すると考えるので $\sigma_1 - \sigma_3 = \sigma_{ys}$ と $\sigma_1 - \sigma_2 = \sigma_{ys}$ の 2 式に上の主応力を代入すればよい。

平面ひずみ状態の場合は
$$r_{plas} = \frac{K_1^2}{2\pi\sigma_{ys}^2}\left(\cos^2\frac{\theta}{2}\right)\left\{(1-2v)+\sin\frac{\theta}{2}\right\}^2$$
と
$$r_{plas} = \frac{K_1^2}{2\pi\sigma_{ys}^2}(\sin^2\theta)$$
のうち大きいほうとなる。

平面応力状態の場合は
$$r_{plas} = \frac{K_1^2}{2\pi\sigma_{ys}^2}\left\{\left(\cos\frac{\theta}{2}\right)\left(1+\sin^2\frac{\theta}{2}\right)\right\}^2$$
となる。

## 4 章

【1】 縦軸に応力振幅 $\sigma_a$，横軸に平均応力 $\sigma_{\mathrm{mean}}$ をそれぞれ普通目盛で目盛ったグラフを準備し

① 平均応力ゼロ（= 応力比 $R=0$）で求めた疲労限度 $\sigma_{w0}$ を縦軸上に
② 引張強さ $\sigma_B$（応力振幅ゼロのまま，平均応力を増加すると，平均応力＝引張強さで材料は破壊する）を横軸上に

プロットし，①と②を直線で結び，直線より下の領域であれば疲労破壊しないと考えるのが，修正グッドマン線図の考え方である（**解図 4.1** 参照）。
修正グッドマン線図を式で表すと
$$\sigma_w = \sigma_{w0}\left(1 - \frac{\sigma_{\mathrm{mean}}}{\sigma_B}\right)$$
である。
題意より，平均応力が引張強さの半分の場合の疲労限度は，$\sigma_{w0}$ の 50％ になることがわかる。

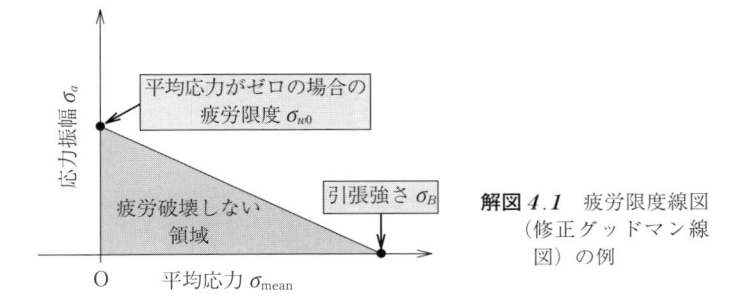

演　習　問　題　解　答    *177*

**解図 4.1** 疲労限度線図（修正グッドマン線図）の例

（図中ラベル：平均応力がゼロの場合の疲労限度 $\sigma_{w0}$、引張強さ $\sigma_B$、応力振幅 $\sigma_a$、平均応力 $\sigma_{\mathrm{mean}}$、疲労破壊しない領域）

【補足】　金属材料製の製品が正常に使用されるためには，疲労破壊しないこととともに，塑性変形しないことも大切である。疲労限度線図と同じ縦軸・横軸を用いて材料が塑性変形しない条件を示すと，縦軸・横軸上に降伏応力 $\sigma_{ys}$ をプロットして結んだ直線の下の領域で示される（**解図 4.2**）。

したがって，疲労破壊も塑性変形もしない領域は，**解図 4.3** のように示される。

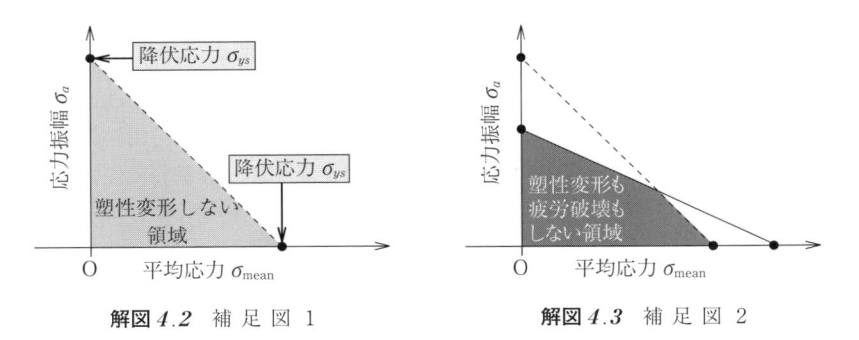

**解図 4.2**　補足図 1

**解図 4.3**　補足図 2

【2】　（1）　鉄鋼材料

　　　　　**理由**：疲労限度（$\sigma_w = 200\,\mathrm{MPa}$）が存在しているから。

　　　（2）　$6 \times 10^5$ サイクル（**解図 4.4** の破線参照）

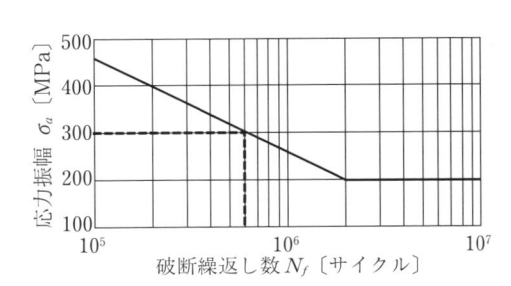

**解図 4.4**　S-N 線図の読み方例

(3) マイナー則とは，ある大きさの応力振幅 $\sigma_a$ を1サイクル繰り返すごとに材料中に疲労損傷が蓄積し，損傷の累積が「1 (=100%)」に達したときに疲労破壊が生じるという考えである．式で表すと

$$\sum_{i=1}^{n} \frac{n_i}{N_i} = 1$$

となる．ここで，$N_i$ は応力振幅 $\sigma_{ai}$ を負荷した際に疲労破壊する繰返し数，$n_i$ は実際に負荷する繰返し数である．

$3 \times 10^5$ サイクルで疲労破壊する．

**理由**：応力振幅 400 MPa の場合，S-N 線図より $2 \times 10^5$ サイクルで疲労破壊することがわかるが実際には，$1 \times 10^5$ サイクルしか繰り返していないので，疲労損傷の蓄積量は 0.5 (= 50%) となる．

残り 0.5 (= 50%) を応力振幅 300 MPa で費やせばよいから，S-N 線図より求めることができる応力振幅 300 MPa の場合の疲労寿命 (= $6 \times 10^5$ サイクル) の 50% である $3 \times 10^5$ サイクルまで負荷すると疲労破壊する．

**【3】**(1) ストライエーションは応力1サイクルごとのき裂先端位置の痕跡である．すなわち，ストライエーション模様に対して垂直な方向が疲労き裂の成長方向である．したがって，写真右下のスケールを用いて，写真上で適当な距離 (例えば 5 μm) を測り (**解図 4.5** 中の白線参照)，白線の端から端までに何本のストライエーションが含まれるかを数えればよい．写真から，17本と読み取れるので，破面から推定できる平均疲労き裂成長速度は，$5 \div 17 \fallingdotseq 0.294 \, \mu\text{m}/\text{サイクル}$ ($= 0.294 \times 10^{-6} \, \text{m}/\text{サイクル}$) である．

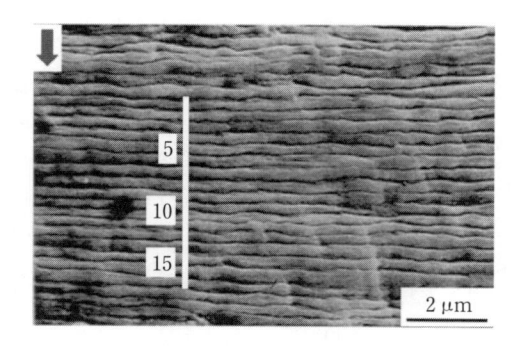

**解図 4.5** ストライエーション間隔の読み方

演 習 問 題 解 答　　*179*

(2) パリス則の式
$$\frac{da}{dN} = C\varDelta K^m$$
を $\varDelta K =$ に変形して，所定の値を単位を統一して代入すればよい．
$$\varDelta K = \left(\frac{1}{C}\frac{da}{dN}\right)^{1/m} = \left\{\frac{1}{1.0 \times 10^{-12}} \times (0.294 \times 10^{-6})\right\}^{1/4}$$
$$\fallingdotseq 23.3 \text{ [MPa·}\sqrt{\text{m}}\text{]}$$

(3) CCT 試験片の $\varDelta K$ 計算式に(2)で得られた値を代入して $\varDelta\sigma$ の値を逆算すればよい．題意より，ストライエーション間隔を読み取った位置は，試験片中央から 5 mm であるから，疲労き裂の長さの半長 $a$ は 5 mm であることがわかる．また，試験片幅 $W$ は 50 mm であるから $\alpha = 2a/W = 0.2$．よって
$$F(\alpha) = \sqrt{\sec\frac{\pi\alpha}{2}} = \sqrt{\frac{1}{\cos(0.1\pi)}} \fallingdotseq 1.025$$
ゆえに $\varDelta\sigma$ は
$$\varDelta\sigma = \frac{\varDelta K}{\sqrt{\pi a}F(\alpha)} = \frac{23.3}{\sqrt{5 \times 10^{-3}\pi} \times 1.025} \fallingdotseq 181.4 \text{ [MPa]}$$
となる．

【4】(1) 破壊じん性値 $K_{IC}$ に代入する応力は応力範囲 $\varDelta\sigma$ ではなく，最大応力 $\sigma_{max}$ でなければならない．題意より，応力比 $R (= \sigma_{min}/\sigma_{max}) = 0.0$ で $\varDelta\sigma (= \sigma_{max} - \sigma_{min}) = 100$ MPa であるから，最大応力 $\sigma_{max} = 100$ MPa である．

応力拡大係数の計算式 $\sigma\sqrt{\pi a}$ をき裂長さ $a$ について解き，$\sigma_{max} = 100$ MPa を代入すればよい．すなわち
$$a_f = \frac{1}{\pi}\left(\frac{K_{IC}}{\sigma_{max}}\right)^2 = \frac{1}{\pi}\left(\frac{50}{100}\right)^2 \fallingdotseq 7.96 \times 10^{-2} \text{ [m]} = 79.6 \text{ [mm]}$$
を得る．題意より，求めるのはき裂半長 $a$ ではなく全長 $2a$ であるから，答は，$2a_f = 159.2$ mm である．

(2) 4.4 節の式 (4.8) に，$a_i = 5.0 \times 10^{-3}$ m, $a_f = 79.6 \times 10^{-3}$ m, $\varDelta\sigma = 100$ MPa と題意の $C$ と $m$ を代入して $N_f$ を計算すればよい．すなわち
$$N_f = \frac{1}{(1.0 \times 10^{-12}) \times (100 \times \sqrt{\pi})^4}\left(\frac{1}{5.0 \times 10^{-3}} - \frac{1}{79.6 \times 10^{-3}}\right)$$
$$\fallingdotseq 1.90 \times 10^5 \text{ [サイクル]}$$

【5】(1) 解図 *4.6* 参照．折れ曲がりはごくわずかのため，折れ曲がり点は明確でない．

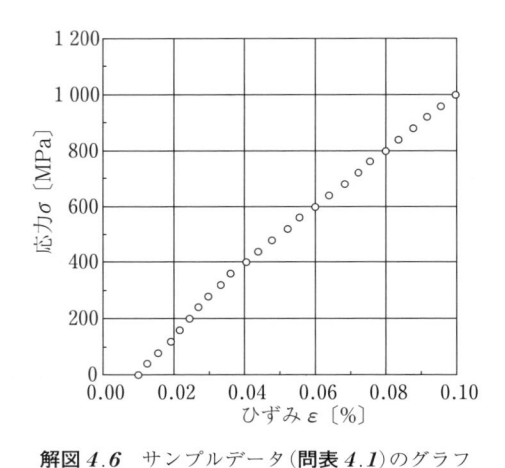

**解表 4.1** 直線近似式から求めたひずみ値

| 近似式から求めたひずみ ε 〔%〕 | |
|---|---|
| 0.0000 | 0.0521 |
| 0.0040 | 0.0561 |
| 0.0080 | 0.0601 |
| 0.0120 | 0.0641 |
| 0.0160 | 0.0681 |
| 0.0200 | 0.0721 |
| 0.0240 | 0.0761 |
| 0.0280 | 0.0801 |
| 0.0320 | 0.0841 |
| 0.0360 | 0.0881 |
| 0.0400 | 0.0921 |
| 0.0440 | 0.0961 |
| 0.0481 | 0.1001 |

**解図 4.6** サンプルデータ(**問表 4.1**)のグラフ

（2） 応力 520 MPa 以上のデータ 13 点を用いて最小二乗法で直線近似すると(Excel や関数電卓を用いるとよい)，次式の関係を得る。

$$\sigma = 9.99 \times 10^3 \varepsilon - 2.81 \times 10^{-2}$$

※ 最小二乗近似に用いる手段の違いで，傾きと切片の値は若干異なるかもしれない。

（3）（2）で求めた式を ε について変形し，応力の値（0～1 000 MPa）を代入すると，**解表 4.1** の関係を得る。

**解表 4.2** 応力と引き算前後のひずみ

| 応力 σ 〔MPa〕 | 元のひずみ ε 〔%〕 | 引き算後のひずみ ε 〔%〕 | 応力 σ 〔MPa〕 | 元のひずみ ε 〔%〕 | 引き算後のひずみ ε 〔%〕 |
|---|---|---|---|---|---|
| 0 | 0.010 0 | 0.010 0 | 520 | 0.052 2 | 0.000 2 |
| 40 | 0.012 5 | 0.008 5 | 560 | 0.055 7 | −0.000 4 |
| 80 | 0.015 6 | 0.007 6 | 600 | 0.060 0 | −0.000 1 |
| 120 | 0.019 1 | 0.007 1 | 640 | 0.064 0 | −0.000 1 |
| 160 | 0.021 6 | 0.005 6 | 680 | 0.068 3 | 0.000 3 |
| 200 | 0.024 4 | 0.004 4 | 720 | 0.072 3 | 0.000 2 |
| 240 | 0.027 0 | 0.003 0 | 760 | 0.075 7 | −0.000 3 |
| 280 | 0.029 7 | 0.001 7 | 800 | 0.080 1 | 0.000 0 |
| 320 | 0.033 3 | 0.001 3 | 840 | 0.083 7 | −0.000 4 |
| 360 | 0.036 1 | 0.000 1 | 880 | 0.087 7 | −0.000 4 |
| 400 | 0.040 6 | 0.000 6 | 920 | 0.091 8 | −0.000 2 |
| 440 | 0.043 9 | −0.000 1 | 960 | 0.095 6 | −0.000 5 |
| 480 | 0.047 7 | −0.000 3 | 1 000 | 0.099 6 | −0.000 5 |

（4） 各応力に対する，引き算前後のひずみの値を**解表 4.2** に示す。これを図示すると**解図 4.7** になる。引き算を行うことにより，直線（弾性関係）からわずかに外れる現象を的確に捉えることができるようになる。**解図 4.7** において，プロットを結んだ実線が，ひずみがゼロの縦軸から外れる点が，き裂閉口が始まることを示し，そのときの応力の値は約 400 MPa であることがわかる。

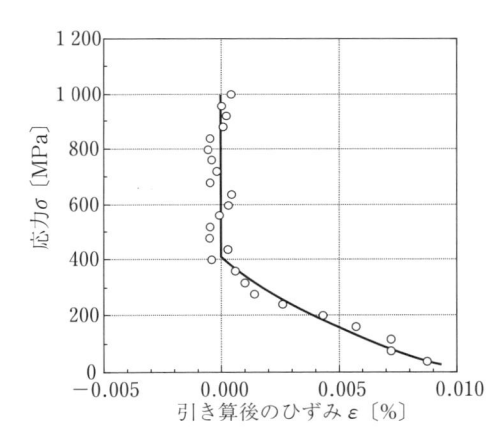

**解図 4.7** 応力と引き算後のひずみの関係

## 5 章

【1】 時間とひずみとの関係を図にすると**解図 5.1** となる。定常クリープひずみ速度は，次式より $0.005\ \%\mathrm{h}^{-1}$ が得られる。

$$\dot{\varepsilon}_s = \left(\frac{1.15 - 0.90}{150 - 100}\right) = 0.005\ [\%\mathrm{h}^{-1}]$$

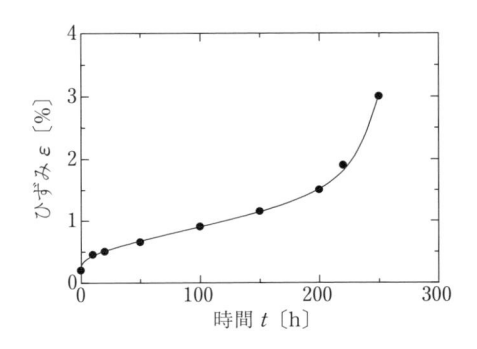

**解図 5.1**

【2】（1）式 (5.3) より，$T = 1073$ K，$\sigma = 100$ MPa での定常クリープひずみ速度は $0.2825$ %h$^{-1}$ となる。

$$\dot{\varepsilon}_s = A\sigma^n \exp\left(-\frac{Q}{R}\frac{1}{T}\right)$$

$$A = \dot{\varepsilon}_s \sigma^{-n} \exp\left(\frac{Q}{R}\frac{1}{T}\right)$$

$$= \frac{0.005}{100} 100^{-5} \exp\left(\frac{350 \times 10^3}{8.31 \times 973}\right) \fallingdotseq 3.149 \times 10^4$$

$$\dot{\varepsilon}_s = 3.149 \times 10^4 \times 100^5 \exp\left(-\frac{350 \times 10^3}{8.31 \times 1073}\right) \fallingdotseq 0.002825 \ [\text{h}^{-1}]$$

（2）次式より温度が 100 K 上昇することでクリープ破断寿命は 1.77% になる。

$$5 \times 10^{-5} t_{r1} = 2.825 \times 10^{-3} t_{r2}$$

$$\frac{t_{r2}}{t_{r1}} = \frac{5 \times 10^{-5}}{2.825 \times 10^{-3}} \fallingdotseq 0.0177$$

【3】式 (5.2) よりクリープ活性化エネルギーを求めると $483$ kJ/mol を得る。

$$Q = \frac{R\ln\frac{\dot{\varepsilon}_{s2}}{\dot{\varepsilon}_{s1}}}{\frac{1}{T_1} - \frac{1}{T_2}} = \frac{8.3 \ln\frac{8.8 \times 10^{-2}}{6.6 \times 10^{-4}}}{\frac{1}{1090} - \frac{1}{1200}} \fallingdotseq 483 \times 10^3 \ [\text{J/mol}]$$

式 (5.3) より

$$A = \dot{\varepsilon}_s \sigma^{-n} \exp\left(\frac{Q}{R}\frac{1}{T}\right) = 6.6 \times 10^{-4} \times 150^{-8.5} \exp\left(\frac{483 \times 10^3}{8.31 \times 1090}\right)$$

$$\fallingdotseq 30.26$$

$$\dot{\varepsilon}_s = 30.26 \times 80^{8.5} \exp\left(-\frac{483 \times 10^3}{8.31 \times 1250}\right) \fallingdotseq 0.00291 \ [\text{h}^{-1}]$$

【4】（1）図 5.15 より応力 60 MPa に対するラーソン・ミラーパラメータは $LMP = 25 \times 10^3$ となる。式 (5.4) より，クリープ破断寿命は下記となる。

$$\log t_r = \frac{LMP}{T} - C = \frac{25 \times 10^3}{973} - 20 \fallingdotseq 5.69$$

∴ $t_r = 489779$ h

（2）式 (5.4) より，クリープ破断寿命は下記となる。

$$\log t_r = \frac{LMP}{T} - C = \frac{25 \times 10^3}{1023} - 20 \fallingdotseq 4.44$$

よってクリープ破断時間は 27542 時間となり，973 K の場合の 5.62% となる。

（3） ラーソン・ミラーパラメータは次式より $24.25 \times 10^3$ となる。
$$LMP = 970(20 + \log 10^5) \fallingdotseq 24.25 \times 10^3$$
図 $5.15$ より，$80\,\text{MPa}$ となる。

【5】 応力ひずみ関係より弾性ひずみ範囲 $\Delta\varepsilon_e$ と塑性ひずみ範囲 $\Delta\varepsilon_p$ はつぎのようになる。
$$\Delta\varepsilon_e = \frac{\Delta\sigma}{E} = \frac{600}{150 \times 10^3} = 0.004$$
$$\Delta\varepsilon_p = \Delta\varepsilon_t - \Delta\varepsilon_e = 0.015 - 0.004 = 0.011$$
上記の値を式 $(5.5)$ に代入するとつぎのようになる。
$$N_f = \left(\frac{C_p}{\Delta\varepsilon_p}\right)^{1/k_p} = \left(\frac{1.03}{0.011}\right)^{1/0.694} \fallingdotseq 693$$
よって，$N_f = 693$ 回となる。

【6】 式 $(5.12)$ より，各ひずみ範囲に対する疲労寿命はつぎのようになる。
$$N_{pp} = \left(\frac{2.02}{0.012}\right)^{1/0.813} \fallingdotseq 547$$
$$N_{cp} = \left(\frac{1.49}{0.000\,95}\right)^{1/0.962} \fallingdotseq 2\,097$$
$$N_{cc} = \left(\frac{6.03}{0.008\,5}\right)^{1/0.990} \fallingdotseq 758$$
上記の値を式 $(5.13)$ に代入するとつぎのようになる。
$$\frac{1}{N_f} = \frac{1}{547} + \frac{1}{2\,097} + \frac{1}{758}$$
よって，$N_f = 276$ 回となる。

## 6 章

【1】 平均値は式 $(6.14)$ より
$$\mu = E(x) = \int_{-\infty}^{\infty} x f(x) dx$$
で与えられる。正規分布の確率密度関数は式 $(6.19)$ から
$$f(x) = -\frac{1}{\sqrt{2\pi}\,\sigma} \exp\left\{-\frac{(x-\mu)^2}{2\sigma^2}\right\}$$
であることから，標準化変数 $u = (x - \mu)/\sigma$ より
$$x = \sigma u + \mu, \quad dx = \sigma du$$
であるから
$$\mu = \frac{1}{\sqrt{2\pi}} \int_{-\infty}^{\infty} (\sigma u + \mu) \exp\left(-\frac{1}{2}u^2\right) du$$
$$= \frac{\sigma}{\sqrt{2\pi}} \int_{-\infty}^{\infty} u \exp\left(-\frac{1}{2}u^2\right) du + \frac{\mu}{\sqrt{2\pi}} \int_{-\infty}^{\infty} \exp\left(-\frac{1}{2}u^2\right) du$$
さらに，$t = \exp\{-(1/2)u^2\}$ とおくと，$dt = -u\exp\{-(1/2)u^2\}du$ であり，第 2 項の一部は $(1/\sqrt{2\pi})\int_{-\infty}^{\infty} \exp\{-(1/2)u^2\}du = 1$ であるから，次式を

得る。
$$\mu = -\frac{\sigma}{\sqrt{2\pi}}\int_{-\infty}^{\infty} dt + \mu = -\frac{\sigma}{\sqrt{2\pi}}[t]_{-\infty}^{\infty} + \mu$$
$$= -\frac{\sigma}{\sqrt{2\pi}}\Big[\exp\Big(-\frac{1}{2}u^2\Big)\Big]_{-\infty}^{\infty} + \mu = \mu$$

分散は式 $(6.16)$ より,$\sigma^2 = \int_{-\infty}^{\infty}(x-\mu)^2 f(x)dx$ で与えられ

$$\sigma^2 = \int_{-\infty}^{\infty}(x-\mu)^2 \exp\Big\{-\frac{1}{2}\Big(\frac{x-\mu}{\sigma}\Big)^2\Big\}dx$$
$$= \frac{1}{\sqrt{2\pi}}\int_{-\infty}^{\infty}\sigma^2 u^2 \exp\Big(-\frac{1}{2}u^2\Big)du = \frac{\sigma^2}{\sqrt{2\pi}}\int_{-\infty}^{\infty} u^2 \exp\Big(-\frac{1}{2}u^2\Big)du$$
$$= \frac{\sigma^2}{\sqrt{2\pi}}\int_{-\infty}^{\infty}(-u)dt = \frac{\sigma^2}{\sqrt{2\pi}}\Big\{[-ut]_{-\infty}^{\infty} + \int_{-\infty}^{\infty} tdu\Big\}$$
$$= \frac{\sigma^2}{\sqrt{2\pi}}\Big[-u\exp\Big(-\frac{u^2}{2}\Big)\Big]_{-\infty}^{\infty} + \frac{\sigma^2}{\sqrt{2\pi}}\int_{-\infty}^{\infty}\exp\Big(-\frac{u^2}{2}\Big)du = \sigma^2$$

となる。

【2】標準正規分布 $N(0, 1)$ において,累積確率 10% および 90% に対するパーセントはそれぞれ,NORMSINV$(0.1) = -1.282$ および NORMSINV$(0.9) = 1.282$ であることから,標準偏差一定の正規分布を仮定できる場合には中央 S-N 曲線を $\pm 1.28$ 倍平行移動すればよい。

【3】**解図 6.1** $(a)$ は**表 6.1** のデータを正規確率紙上にプロットしたものであり,図中の直線は例題 **6.1** に示した標本平均 ($\bar{x} = 400.3\,\mathrm{MPa}$),標本標準偏差 ($\sigma_n = 15.7\,\mathrm{MPa}$) を用いて描いたものである。

また,図 $(b)$ はデータをワイブル確率紙上にプロットしたものであり,図中に曲線で示す 3 母数ワイブル分布でもよく近似できることがわかる。なお,3 母数は相関係数法を用いて推定したものであり,形状母数 $m = 3.09$,尺度母数 $\beta = 50.9\,\mathrm{MPa}$,位置母数 $\gamma = 355\,\mathrm{MPa}$ である。形状母数の値が 3.26 に近いことからも,この分布は正規分布に近い形をしていることがわかる。

図 $(c)$ はワイブル確率紙上で形状母数と尺度母数を図式的に求める方法を示したものである。位置母数の推定には試行錯誤が必要であり,推定には困難が伴うが,相関係数法や最尤法などで位置母数の値が求まれば,**表 6.1** のデータから位置母数の値 $\gamma = 355\,\mathrm{MPa}$ を引いたデータは 2 母数ワイブル分布で近似でき,これを目視あるいは最小二乗法で近似する。

尺度母数の値は,右の縦軸の $\ln\ln[1/\{1-F(x)\}] = 0$ (あるいは左の縦軸の累積確率 $F(x) = 63.2\%$) と近似直線の交点の下の横軸の値として求めることができる。

形状母数の値は,例えば,上の縦軸 $\ln x = 4$ と $\ln\ln[1/\{1-F(x)\}]\gamma = 0$ の交点を通るように近似直線を平行移動し,上の縦軸平行移動と $\ln x = 3$ に対応する平行移動した直線の右の縦軸の値を読み取り,この 2 点の右の縦軸の長

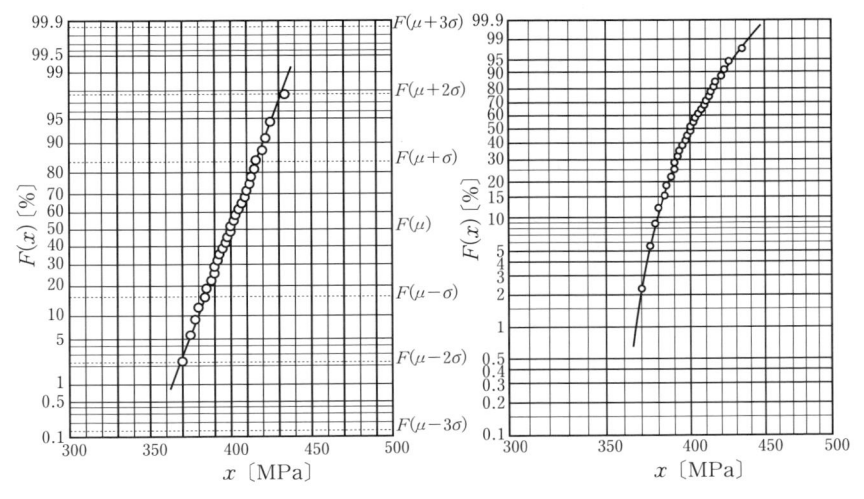

(a) 正規確率紙

(b) ワイブル確率紙

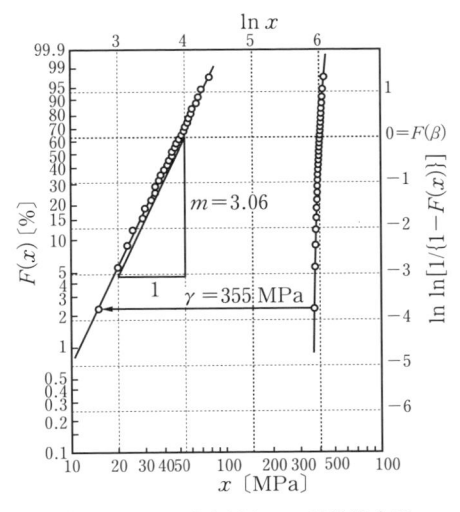

(c) ワイブル確率紙上での母数推定例

**解図 6.1** 表 6.1 のプロット例

さを求めれば $m = 3.06$ のように求めることができる。

【4】略

# 索引

## 【あ～え】

アイテム　131
圧　縮　4
圧力隔壁　79
亜粒界　115
位置母数　144
入込み　86
ウィスカー　24
上側確率　131
永久ひずみ　11
エネルギー解放率　69
延　性　7,34
延性材料　7
延性-ぜい性遷移　34
延性-ぜい性遷移温度　35
延性破壊　2,36

## 【お】

応力拡大係数　41,53,96
応力拡大係数範囲　97
応力集中　27
応力集中係数　51
応力振幅　86,121
応力の平衡方程式　44
応力範囲　121
応力比　86
応力-ひずみ線図　7
オロワン機構　32
オロワンの応力　32

## 【か】

開口型　96
──のき裂　49
拡　散　20
拡散クリープ　112
確率S-N特性　91
確率紙　148
確率変数　130
確率密度関数　130
下限界応力拡大係数範囲　99
加工硬化　10
加工硬化係数　10
仮説検定　155

加速クリープ　108
カップアンドコーン型破壊　37
下部しきいエネルギー　35
上降伏点　9

## 【き】

機械的性質　1
ギガサイクル疲労　86
危険率　155
期待値　136
気体定数　110
キャビティ　115
吸収エネルギー　34
共通勾配法　122
共　役　44
局部伸び　11
切欠ぜい性　35
き裂進展　96
き裂成長　96
き裂伝ぱ　96
き裂長さ　96
き裂閉口　102

## 【く】

空　孔　20
空　洞　115
偶発故障　133
区間推定　138
くさび型空洞　115
くびれ　11
クリープ曲線　108
クリープ試験　107
クリープ損傷　123
クリープの活性化エネルギー　110
クリープ破壊　107
クリープ破断曲線　114
クリープ破断時間　114
クリープ破断試験　114
クリープ・疲労相互作用　120
クリープ変形　107

## 【け，こ】

傾斜部　89
形状母数　144
原子寸法効果　30
高温指数則クリープ　112
高温べき乗則クリープ　112
高温変形　6
高サイクル疲労　86,120
格子拡散　112
格子拡散クリープ　113
格子欠陥　20,109
公称応力　7
公称ひずみ　7
剛　性　8
構造鈍感　1
構造敏感　1
降伏応力　9
故障分布関数　132
故障率　132
コットレル雰囲気　25
コメット機　78
固溶強化　29
固溶軟化　30
コルモゴロフ・スミルノフの検定法　150
混合モード　49
コンパクト試験片　72

## 【さ】

再結晶温度　6
最弱リンクモデル　140,147
最大主応力説　42
最大せん断応力説　42
最頻値　137
最密六方格子　13
材料強度学　1
材料力学　1

## 【し】

時間強度領域　89
時　効　31
指数則クリープ　109
下側確率　131

# 索引

| | |
|---|---|
| 絞り | 12, 122 |
| 下降伏点 | 9 |
| 尺度母数 | 144 |
| シャルピー衝撃試験 | 34 |
| シャルピー衝撃値 | 34 |
| 修正グッドマン線図 | 104 |
| 自由度 | 154 |
| 主すべり系 | 17 |
| シュミット因子 | 17 |
| 順序統計量 | 149 |
| 小規模降伏 | 59 |
| 条件付確率 | 132 |
| 冗長系 | 135 |
| 上部しきいエネルギー | 35 |
| 除荷弾性コンプライアンス法 | 105 |
| 初期故障 | 133 |
| 試料累積分布法 | 149 |
| じん性 | 34 |
| 侵入型固溶体 | 24 |
| 真破断ひずみ | 122 |
| 信頼性 | 131 |
| 信頼度 | 131 |
| 信頼度関数 | 132 |

## 【す】

| | |
|---|---|
| 垂直応力 | 43 |
| 推定値 | 138 |
| ステアケース法 | 92 |
| ストライエーション | 87 |
| すべり系 | 14 |
| すべり線 | 15 |
| すべり変形 | 13 |
| すべり方向 | 14 |
| すべり面 | 14 |

## 【せ】

| | |
|---|---|
| 正規確率紙 | 150 |
| 正規分布 | 137 |
| ぜい性 | 34 |
| ぜい性材料 | 10 |
| ぜい性破壊 | 2, 36, 64 |
| 静的試験 | 6 |
| 析出強化 | 32 |
| セル組織 | 26 |
| 遷移クリープ | 108 |
| 繊維束モデル | 140 |
| 遷移疲労寿命 | 121 |
| 線形損傷則 | 123 |

| | |
|---|---|
| 線欠陥 | 20 |
| せん断 | 4 |
| せん断応力 | 43 |
| せん断ひずみエネルギー説 | 42 |
| 全ひずみ範囲 | 121 |

## 【そ】

| | |
|---|---|
| 相関係数法 | 153 |
| 双晶 | 13 |
| 双晶変形 | 13 |
| 双晶面 | 13 |
| 塑性域 | 56 |
| 塑性域寸法 | 57 |
| 塑性域寸法補正 | 57 |
| 塑性ひずみ範囲 | 121 |
| 塑性変形 | 9 |
| 損傷許容設計 | 79, 100 |

## 【た】

| | |
|---|---|
| 第1期クリープ | 108 |
| 第2期クリープ | 108 |
| 第3期クリープ | 108 |
| 第Ⅱ$_a$段階 | 98 |
| 第Ⅱ$_b$段階 | 98 |
| 第Ⅱ$_c$段階 | 98 |
| 対称試料累積分布法 | 149 |
| 体心立方格子 | 13 |
| 対数正規分布 | 141 |
| 多結晶体 | 7 |
| 多重すべり | 17 |
| 縦弾性係数 | 8 |
| 弾性限度 | 9 |
| 弾性的相互作用 | 30 |
| 弾性ひずみ範囲 | 121 |
| 弾性変形 | 7 |

## 【ち～と】

| | |
|---|---|
| 中央 $S$-$N$ 線図 | 91 |
| 中央き裂付引張り試験片 | 104 |
| 中央値 | 137 |
| 超高サイクル疲労 | 86 |
| 超塑性変形 | 28 |
| 直列系 | 134 |
| 突出し | 86 |
| 低応力クリープ | 109 |
| 低温指数則クリープ | 112 |
| 低温ぜい性 | 34 |
| 低温べき乗則クリープ | 112 |

| | |
|---|---|
| 低サイクル疲労 | 86, 120 |
| 定常クリープ | 108 |
| ディンプル | 38 |
| 適合度の検定 | 154 |
| 転位 | 20, 109 |
| ——の上昇運動 | 112 |
| 転位クリープ | 112 |
| 転位芯拡散 | 112 |
| 転位すべり | 112 |
| 転位線 | 20 |
| 転位密度 | 23 |
| 点欠陥 | 20 |
| 点状破壊 | 37 |
| 点推定 | 138 |
| 特異性 | 53 |

## 【な行】

| | |
|---|---|
| 二重すべり | 17 |
| ねじり | 4 |
| ネッキング | 11 |
| 伸び | 12 |

## 【は】

| | |
|---|---|
| パイエルス力 | 23 |
| 破壊基準 | 41 |
| 破壊じん性 | 41 |
| 破壊じん性試験 | 72 |
| 破壊力学 | 2 |
| バーガースベクトル | 21 |
| 刃状転位 | 20 |
| バスタブ曲線 | 133 |
| パーセント点 | 131 |
| 破断応力 | 11 |
| 破断ひずみ | 12 |
| パリス則 | 98 |

## 【ひ】

| | |
|---|---|
| 非金属介在物 | 37 |
| ひげ結晶 | 24 |
| ヒステリシスループ | 121 |
| ひずみエネルギー | 63 |
| ひずみ硬化 | 10 |
| ひずみ硬化指数 | 10 |
| ひずみ速度 | 108 |
| ひずみの適合条件 | 45 |
| ひずみ範囲分割法 | 123 |
| 引張り | 4 |
| 引張強さ | 11 |
| 標準化変数 | 138 |

| | | | | | | | |
|---|---|---|---|---|---|---|---|
| 標準正規分布 | 138 | 分布関数 | 130 | モードⅠ型 | 49, 61, 96 |
| 標準正規分布関数 | 138 | | | モードⅡ型 | 49, 54 |
| 標準偏差 | 137 | 【へ】 | | モードⅢ型 | 49, 54 |
| 標本寸法 | 135 | 平均応力 | 86 | モードランク法 | 149 |
| 標本標準偏差 | 135 | 平均値 | 136 | | |
| 標本不偏分散 | 135 | 平均ランク法 | 149 | 【や行】 | |
| 標本分散 | 135 | 平面応力状態 | 46 | 焼戻しぜい性 | 36 |
| 標本平均 | 135 | 平面ひずみ状態 | 47 | ヤング率 | 8 |
| 表面エネルギー | 64 | 並列系 | 134 | 有効応力拡大係数範囲 | 102 |
| 比例限度 | 9 | へき開破壊 | 38 | 有効き裂長さ | 58 |
| 疲　労 | 77, 81 | へき開面 | 38 | 溶体化処理 | 31 |
| 疲労き裂 | 41 | 変形機構領域図 | 113 | | |
| 疲労き裂成長寿命 | 99 | 変動係数 | 137 | 【ら行】 | |
| 疲労き裂成長速度 | 97 | | | らせん転位 | 20 |
| 疲労き裂発生寿命 | 99 | 【ほ】 | | ラーソン・ミラーパラメータ | 118 |
| 疲労限度 | 90 | ポアソン比 | 8 | ランク法 | 149 |
| 疲労限度線図 | 103 | 母集団 | 135 | 離散分布 | 131 |
| 疲労寿命 | 99 | 母数推定法 | 153 | 粒界拡散クリープ | 113 |
| 疲労損傷 | 123 | 補正係数 | 54 | 粒界破壊 | 1, 36, 115 |
| 疲労破壊 | 2 | ポップイン | 73 | 粒内破壊 | 1, 36, 115 |
| | | ポテンシャルエネルギー | 68 | リューダース帯 | 9 |
| 【ふ】 | | ホール・ペッチの関係 | 28 | 臨界分解せん断応力 | 17 |
| ファセット | 38 | | | 累積確率 | 131 |
| 副結晶粒界 | 115 | 【ま行】 | | $\sqrt{area}$ パラメータ法 | 94 |
| 不信頼度関数 | 132 | マイナー則 | 104 | 連続体力学 | 2 |
| フックの法則 | 8 | 曲　げ | 4 | 連続分布 | 131 |
| 物体力 | 43 | 摩耗故障 | 133 | | |
| フラクトグラフィ | 2, 88 | マルチサイトクラック | 80 | 【わ】 | |
| フランク・リード源 | 23 | メジアンランク法 | 149 | ワイブル確率紙 | 152 |
| 分解せん断応力 | 16 | 面外せん断型のき裂 | 49 | ワイブル係数 | 144 |
| 分　散 | 136 | 面心立方格子 | 13 | | |
| 分散強化 | 33 | 面内せん断型のき裂 | 49 | | |

| 【B～F】 | | 【H～S】 | | 【数字・ギリシャ文字】 | |
|---|---|---|---|---|---|
| bcc | 13 | hcp | 13 | 0.2%耐力 | 10 |
| CCT 試験片 | 104 | J. Albert | 76 | $10^7$ サイクル時間強度 | 92 |
| CRSS | 17 | J. Wöhler | 77 | 14-$S$-$N$ 試験法 | 92 |
| CT 試験片 | 72 | $P$-$S$-$N$ 特性 | 91 | 2 次すべり系 | 17 |
| DBTT | 35 | $S$-$N$ 曲線（$S$-$N$ 線図） | 89 | 2 母数ワイブル分布 | 144 |
| fcc | 13 | | | 3 点曲げ試験片 | 72 |
| | | | | 3 母数ワイブル分布 | 144 |
| | | | | $\Delta K$-$da/dN$ 線図 | 98 |
| | | | | $\chi^2$ 検定 | 150, 154 |

―― 編著者・著者略歴 ――

境田　彰芳（さかいだ　あきよし）
1981 年　立命館大学理工学部機械工学科卒業
1983 年　立命館大学大学院博士課程前期課程
　　　　修了（機械工学専攻）
1986 年　立命館大学大学院博士課程後期課程
　　　　単位取得退学（機械工学専攻）
1988 年　工学博士（立命館大学）
1990 年　明石工業高等専門学校助教授
2002 年　明石工業高等専門学校教授
2022 年　明石工業高等専門学校名誉教授

上野　明（うえの　あきら）
1981 年　立命館大学理工学部機械工学科卒業
1983 年　立命館大学大学院博士課程前期課程
　　　　修了（機械工学専攻）
1983 年　豊田工業大学助手
1990 年　工学博士（立命館大学）
1991 年　豊田工業大学講師
1993 年　豊田工業大学助教授
2007 年　豊田工業大学准教授
2009 年　立命館大学教授
2020 年　逝去

磯西　和夫（いそにし　かずお）
1981 年　立命館大学理工学部機械工学科卒業
1983 年　立命館大学大学院博士課程前期課程
　　　　修了（機械工学専攻）
1986 年　立命館大学大学院博士課程後期課程
　　　　単位取得退学（機械工学専攻）
1987 年　工学博士（立命館大学）
1987 年
〜90 年　日鐵溶接工業株式会社勤務
1990 年　茨城大学助教授
1996 年　滋賀大学助教授
2006 年　滋賀大学教授
2023 年　滋賀大学名誉教授

西野　精一（にしの　せいいち）
1982 年　立命館大学理工学部機械工学科卒業
1984 年　立命館大学大学院博士課程前期課程
　　　　修了（機械工学専攻）
1987 年　立命館大学大学院博士課程後期課程
　　　　単位取得退学（機械工学専攻）
1987 年　工学博士（立命館大学）
1987 年
〜89 年　バブコック日立株式会社勤務
1989 年　富山大学助手
1991 年　富山大学講師
2001 年　富山大学助教授
2006 年　阿南工業高等専門学校教授
　　　　現在に至る

堀川　教世（ほりかわ　のりよ）
1993 年　立命館大学理工学部機械工学科卒業
1995 年　立命館大学大学院博士課程前期課程
　　　　修了（機械工学専攻）
1998 年　立命館大学大学院博士課程後期課程
　　　　単位取得退学（機械工学専攻）
1999 年　博士（工学）（立命館大学）
2000 年　立命館大学助手
2000 年　新エネルギー・産業技術総合開発機
　　　　構産業技術養成技術者
2003 年　富山県立大学講師
2009 年　富山県立大学准教授
2018 年　富山県立大学教授
　　　　現在に至る

# 材料強度学
Strength and Fracture of Materials  © Sakaida, Ueno, Isonishi, Nishino, Horikawa 2011

2011年5月2日 初版第1刷発行
2023年9月5日 初版第7刷発行

検印省略

| | | |
|---|---|---|
| 編 著 者 | 境 田 | 彰 芳 |
| 著 者 | 上 野 | 明 |
| | 磯 西 | 和 夫 |
| | 西 野 | 精 一 |
| | 堀 川 | 教 世 |
| 発 行 者 | 株式会社 | コロナ社 |
| | 代 表 者 | 牛来真也 |
| 印 刷 所 | 新日本印刷株式会社 | |
| 製 本 所 | 有限会社 | 愛千製本所 |

112-0011 東京都文京区千石 4-46-10
発 行 所  株式会社 コロナ社
CORONA PUBLISHING CO., LTD.
Tokyo Japan

振替 00140-8-14844 ・ 電話(03)3941-3131(代)
ホームページ https://www.coronasha.co.jp

ISBN 978-4-339-04476-8　C3353　Printed in Japan　　(金)

JCOPY <出版者著作権管理機構 委託出版物>

本書の無断複製は著作権法上での例外を除き禁じられています。複製される場合は，そのつど事前に，出版者著作権管理機構（電話 03-5244-5088，FAX 03-5244-5089，e-mail: info@jcopy.or.jp）の許諾を得てください。

本書のコピー，スキャン，デジタル化等の無断複製・転載は著作権法上での例外を除き禁じられています。購入者以外の第三者による本書の電子データ化及び電子書籍化は，いかなる場合も認めていません。

落丁・乱丁はお取替えいたします。